ダンゴムシの本

著●奥山 風太郎　みのじ

はじめに 〜なぜ、ダンゴムシは人気者なの？〜

ダンゴムシは子どもたちの人気者。
理由もなくズボンのポケットに入れてみたり、インスタントコーヒーの空き瓶で飼育したり、友達と誰のダンゴムシが長く丸まってるか競ってみたり、なんとなく転がしてみたり。
いま大人になっている人も一度くらいはそんなこんなで、ダンゴムシを使って遊んだことがあると思います。イモムシやバッタが怖くて触れなかった。そんな人もダンゴムシだけは触れたのではないでしょうか？

普通、生き物は自分の身を守る手段を持っているもので、小さな虫であっても触られたり、捕まえられたりすれば、たいていの種は相手に不快な思いをさせる行動をします。噛みついたり、臭い匂いをだしたり、棘や針で刺したり。反撃をしてこない場合でも、翅(はね)を広げて威嚇したり、気味の悪い動きをしたり、すごい暴れ方をしたり。
生き物たちのこんな防衛行動を人は無意識のうちに経験したり学習しているのだと思います。ともすれば、いつしか生き物すべてを警戒の眼差しで見るようになり、一見して安全そうな生き物でも無闇に触れなくなってしまう人がほとんどだと思います。

でも、ダンゴムシだけは例外。
過去に見知らぬ虫を触って嫌な経験をした人でも、ダンゴムシだけは(おそらく)大丈夫なはず。ダンゴムシの姿や動きからは、不思議なことに不快な思いをさせられる予感を感じません。
なにか人を安心させるオーラを持っています。
きっと、それがダンゴムシ最大の魅力であり、多くの子どもたちに愛される理由なのだと思います。いや、子どもだけではありません。「子どもの時はダンゴムシで遊んだ」なんて過去のものとして話していながら、実は大人になってもダンゴムシがやめられない"隠れダンゴ好き"の人もいるほどです。

そんなダンゴムシですが、環境や場所によって様々な種類がいます。
みなさんの慣れ親しんだであろうダンゴムシはオカダンゴムシ。公園や庭先、雨上がりなど湿度の高い日にはコンクリート壁など、人の生活圏ならどこでも見かけます。砂浜にはとても大きなハマダンゴムシが、森や山林にはコシビロダンゴムシの仲間が生息しています。日本中どこでもダンゴムシを見つけることができます。
ちょっと意識するだけで、仕事帰りでも、昼休みでも、買い物ついででも、すぐに見つけられるはずです。

そして、ダンゴムシを見つけたら手に捕ってみてはいかがでしょうか？
きっと病みつきになりますから。

もくじ

1 ダンゴムシって？
ダンゴムシのからだ ……… 8
まるまるダンゴムシ ……… 12
ダンゴムシの一年 ……… 14
ダンゴムシの赤ちゃん誕生 ……… 16

2 ダンゴムシと仲間たち図鑑
図鑑のみかた ……… 22
ダンゴムシ ……… 24
Column No.1 何の仲間？ ……… 62
ワラジムシ ……… 64
フナムシ ……… 82
Column No.2 ヨーロピアンです ……… 88
ソノホカ ……… 90
まるまる仲間たち ……… 98
Column No.3 青いダンゴムシ ……… 102

3 ダンゴムシを愛でる

飼育に必要なもの …………106
ダンゴムシ飼育の基本 …………108
樹上性ダンゴムシの飼い方 ……110
ハマダンゴムシの飼い方 …………111
ダンゴムシの食事 …………112
コンクリがお好き？ …………114

4 ダンゴムシを探してみよう

必要な道具、採集方法 …………120
身近な場所でダンゴ探し …………122
沖縄でダンゴ探し …………124
浜でダンゴ探し …………126
Column No.4　大きいは長寿 ………128

5 ダンゴムシが好き！

ダンゴムシグッズ …………132
ダンゴムシ本 …………136
ダンゴムシに会える施設 ………138
あとがき …………141

ダンゴムシって？

ダンゴムシのからだ

- 頭部
- 胸部
- 腹部
- 尾部

- 尾肢
- 腹尾節

- 第1触角 高感度ニオイセンサー
- 第2触角 物体探知アンテナ
- くち 岩をも砕く

脚の裏はブラシ状になっている

　身近なダンゴムシはいろいろな場所で目にできますが、小さいのでどんな顔をしてるのか？どこが頭でどこがお腹なのか？尻尾はあるのかなど肉眼ではわかりづらいです。
　でも、よく見ると意外とカワイイ顔をしているし、頭、胸、腹などちゃんと区分もあります。頭は1節、胸部は7節、腹部と尾部で6節、合計で14節からなります。これはダンゴムシに限らずワラジムシにも共通の特徴です。ただし胸部は生まれた時は6節しかなく次の脱皮で7節になりますがそれまでの期間を"マンカ幼生"と呼び区別します。
　触角は第一触角と第二触角とで2対ありますが、ワラジムシ目のすべての陸生種で第一触角は退化的でほとんど見えません。普段目につく触角は第二触角となります。移動する時など第二触角をちぐはぐに動かしますが、まさに触覚をつかさどっており、障害物の有無や壁までの距離など、歩行に必要な情報を得るのに役立っています。第一触角は水棲種では匂いを感じるためのものになっており、陸生種であるダンゴムシでも同じ役割を持っていると考えています。見えないほど小さなものですが、その精度は高く、かなり離れた所からでも匂いを辿り餌まで一直線に向かうことができます。
　おちょぼ口ですが、硬い顎はペンチのように発達しており、堅い餌もかじることができます。湿った落ち葉やコケなどの植物を食べているぶんには十分な水分が得られていますが、直接水を飲むときは、口からではなく腹部を水につけて水分を吸います。
　目は大きく目立ちますが、個眼数はせいぜい50個程度で視力そのものはあまりよくないようです。明るさを感じたり外敵の接近を感じ取れる程度だと考えられています。ワラジムシ亜目でフナムシの仲間の複眼は数千個にも達するそうで非常に優れた視力を持っています。
　脚はマンカ幼生時は6対（12脚）ですが、最初の脱皮以降7対となります。先端には鋭い爪があり、裏側はブラシ状に細かい毛が無数に生えスパイクの役割を果たしています。この爪とスパイクのおかげで垂直に壁も登れるし、細い枝などを宙釣り状態で進むこともできます。
　まるまると1cmにも満たない小さな生き物ですが、野生を生きていくのに必要な機能は十分に備わっているのです。

ダンゴムシのからだ

オス

交尾器

メス

メスは腹側が白っぽいことが多い

典型的な色彩のオス

典型的な色彩のメス

黄色い模様の入ったオス

模様の少ないメス

ダンゴムシの求愛はオスがメスの頭にかぶさるように張り付いて交尾の機会をうかがいます。メスは頭にオスをくっつけたまま行動するので、かなり邪魔だと思うのですが、別に振り払おうともせず何事もないように静かにその時を待ちます。
しかし何かの間違いでオスの頭にオスがかぶさってしまうことがあります。この時かぶさられた方のオスは、小刻みかつリズミカルに頭を振り「俺はオスだぞ」といわんばかりに奇妙な動きをし、間違えてしまったオスに教えます。するとすぐに間違いに気づき離れて行く姿が観察できます。

　ダンゴムシの雌雄は成熟した個体では交尾器の有無で判別できます。これはダンゴムシ以外のワラジムシ類にも通用する判別方法ですが、成体で1cmを下回る種類だと肉眼ではちょっとわかりづらいのでルーペなどを使用するとよいでしょう。
　なおオカダンゴムシは色彩に性的二型があるので、便利なことに外見からでもだいたいの判断ができます。基本的にオスは模様がないか、あってもすごく少ないです。メスは黄色い模様があることが多いです。また基色が薄い個体も多く、茶色っぽかったり、赤茶の個体はたいていメスです。もともとオカダンゴムシは色彩の変化幅が広く、いろいろな個体が出現しやすいので、色だけで100%の判別は困難といわれていますが、慣れてくると、黄色い模様があるオスでも、模様のほとんどないメスでも間違えなくなります。そもそも、どうしてもオスじゃなきゃダメとか、1ペアしか飼うことができないとか、何が何でも雌雄がわかっていないとヤダなんて人は滅多にいないでしょうから、ほとんどの人にとって便利な判別法だと思います。
　世界を見渡せばオカダンゴのように性的二型がある種はほかにもいるのでしょうが、日本に産する種ではどうもオカダンゴだけのようです。コシビロダンゴムシ類、ハマダンゴはもちろんのこと、同属で近縁な関係にあるハナダカダンゴでも顕著な色彩的な性差は見つけられませんでした。

まるまるダンゴムシ

クロヤマアリに襲われ、まるまり防御する
セグロコシビロダンゴムシ

クロオオアリに襲われ、まるまり防御する
ハナダカダンゴムシ

防御の甲斐なく…

イソカニムシに捕らえられた
オカダンゴムシ

クロヤマアリに運ばれるオカダンゴムシ
photo:Taku Shimada

西表産ジムカデの一種に捕らえられた
ネッタイコシビロダンゴムシ

トタテグモに捕らえられたオカダンゴムシ

 ダンゴムシがなぜまるまるのか？それを真剣に考えた人はほとんどいないと思います。
 だって、誰が見ても、そして考えるまでもなく"防御"のためだと予想がつきます。歩いているダンゴムシを触るとその瞬間にパクッとまるくなります。

 このまるくなる行為そのものについて考えてみました。
 貝の防御力と虎の攻撃力とチーターの脚力、タコの煙幕、コブラの猛毒など、こういった能力をまとめて持ち合わせた生物は存在しません。生き物は基本的にどれかひとつの特技しか持てないのです。そこでダンゴムシはその他すべてを捨てて鉄壁の防御を選んだわけですが、これがなかなかよい選択だったようです。ダンゴムシ以外にも、アルマジロやセンザンコウ、一部のヤスデなど、まったく系統の異なる生き物にもありますが、世界全体でみるとどの地域でもこのように鉄壁の防御力をもった種が存在しています。そしてそれらの種がその土地で繁栄しているということこそが成功の証といえます。

 ならばみんなまるまれるようになって鉄壁の防御を手に入れればよいように思うかもしれませんが、防御だけではやりすごせないこともあるようです。ダンゴムシが含まれるワラジムシ目ですが、このグループ全体でも防御重視かスピード重視か、またはなるべくバランスよくいくか、方向性が異なるようです。オカダンゴムシのように鉄壁の防御を得た種はスピードを犠牲にしています。ワラジムシは背中の装甲はなかなかですが、丸まって完全防御はできないぶん、それなりのスピードがあります。そして、フナムシ類はまるくなれずしかも背中の甲も柔らかく防御はほぼ捨てたかわりに、すごいスピードを持っています。面白いことにダンゴムシ類に限った話でも、スピードと防御の関係はある程度比例しているようで、まるまりをすぐに解除してしまう種ほど、逃げるスピードは早い傾向があります。

 完全防御を選んだダンゴムシがよい選択をしたといいましたが、ワラジムシ、フナムシを見ると、どれも同じように繁栄していることから、鉄壁だけがすべてではなく逃げ足の早さとのバランスが重要なのでしょう。だって、まるまることがもっとも優れた危険回避行動なのだとしたら、ワラジムシ目すべてがまるまれて、逃げ足の遅いグループになってしまうからです。

 そういえば、鉄壁の防御といえばカメ類もそうです。同じ仲間のスッポンもスピードを得るかわりに防御力を低下させていますが、他のカメと同じように繁栄できていますよね。
 きっと防御とスピードの両立は、生き物にとってとても難しいことなのでしょう。

ダンゴムシの一年

冬眠しています。1匹、または数匹で冬眠していることもありますが、基本的に多くの個体が集まって冬眠します。"仲間と寄り添い合いたい"のではなくて、冬眠しやすい環境を探した結果1ヶ所にたくさんの個体が集まってしまうのでしょう。

冬眠中のダンゴムシは、皆まるまっています。当然、寝ている間も防御を怠らないということでしょうが、乾燥しやすい冬に体の水分が発散するのを防ぐ効果もあるのでしょう。

冬眠から覚めます。ある日を境に急に覚醒するのではなく、暖かい日は少し動いて餌を食べて、寒い日はまた1日丸まってというのを繰り返しながら徐々に活発になっていきます。関東では3月中旬以降に降る温い雨の日を皮切りに少しずつダンゴムシの姿を見るようになります。

桜も散り新緑が芽生える頃から、暖かい日の夜はダンゴムシが集まっている姿を見かけますが、まだ全開ではありません。

4月も終わりに近づくと、夜の集会もその数を増やし、ちらほら求愛行動や交尾を見かけるようになります。

5月末、遅い個体は6月末くらいまでが恋の季節のピークです。

早い個体は5月から出産(子どもがひとり歩き)をします。

5月末、梅雨に入る頃から活動がピークになり、毎晩の集会にも余念がありません。

夏

　6月から梅雨が明けるくらいまでの時期は出産ラッシュです。生まれた直後の赤ちゃんは乾燥に弱いので、親離れは梅雨がうってつけです。
　また、早い時期に子離れした母親は、年内にもう一度産卵が可能なので、再び繁殖活動に参加します。

　あまりに暑かったり、晴天が続いて空気が乾燥すぎるなどすると、見かける姿はグッと減ってしまいますので、8月は若干活動が低下するといえますが、10月くらいまでは、頻繁に集会を開いています。

秋

　11月にもなると、この年の初夏に生まれた子どもたちは5〜6mmに成長していますが、寒さと乾燥で活動はだいぶ低下し本当に暖かい日にしか見かけなくなります。このまま、だらだらと活動が低下していき、12月にはほぼ完全に冬眠し翌春までお休みです。

ハナダカダンゴムシの脱皮の様子

脱いだ皮を食べる
オカダンゴムシ

　ダンゴムシは必ず前後半分ずつ、後ろ側から脱皮をします。たまに体半分が白っぽかったり、半透明な皮が浮いているような個体が歩いているのはこのためです。半分だけ脱皮が終わった個体なのでしょう。
　脱皮した殻はたいていの場合は食べてしまいます。残り半分の殻は、ほとんどの場合で翌日に脱皮します。翌々日になってしまうなど先延ばしになることはたまにありますが、後ろ側の脱皮から数時間以内に前方の脱皮も完了させた例を私は見たことがありません。
　必ず半分ずつ脱皮をする理由には諸説ありますが、ダンゴムシは本来乾燥に弱い生き物で、脱皮直後の表皮はかなり水分を発散しやすいようです。野生の個体でも脱皮中に想定より乾燥しすぎて死んでしまう個体もいます。おそらくそういったリスクを減らすため半分ずつ脱皮をしているのでしょう。また脱皮直後は柔らかく脚の機能もうまく果たせません。そのため一気に脱皮をしてしまうと、逃走手段がなくなってしまうことも理由のひとつなのでしょう。
　ダンゴムシは脱皮を繰り返し成長します。ふ化してから10回以内の脱皮で生殖機能を備えた成体と呼べる個体になるようです。

ダンゴムシの赤ちゃん誕生

保育嚢の卵が目立ってきた
母親はまるまれなくなる

保育嚢の中にふ化した赤ちゃんがたくさん

保育嚢をやぶって赤ちゃん登場

次々と出てくる赤ちゃん

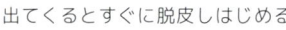

出てくるとすぐに脱皮しはじめる

脱皮殻を食べるハナダカダンゴムシの赤ちゃん

まだ体は半透明なので腸管を通る食物の様子がよくわかる

6対脚

7対脚

2回目の脱皮で親と同じ7胸節の7対脚になる

　「ダンゴムシは直接子どもを出産します。」といった内容の本をみたことがありますが、それは間違いです。
　ダンゴムシは、ほかの甲殻類と同じく卵で繁殖します。ただ、その卵を産む場所が変わっていて、自らのお腹の上に卵を産むのです。お腹に産むといっても繁殖シーズンのメスに発達する膜のようなもので作られた袋の中に産卵します。この膜で作られた袋を保育嚢（ほいくのう）といいます。お腹に卵を産んで、その上に透明なプラスチックの膜を張ったようなものと想像してください。
　不思議とふ化までの日数などについてはあまり詳しく調べられていないようなので、私自身が観察した話となりますが、交尾が済んだメスは間もなく産卵し、その卵は保育嚢の中で1ヶ月ほどふ化に向けて成長します。そして、無事ふ化し晴れて赤ちゃんダンゴムシとなったわけですがまだ外の世界で生きていくことができず、しばらくは保育嚢の中で生活します。ふ化からさらに1ヶ月近く経つ頃に保育嚢を破り外の世界に飛び立ちます。この時の姿が、"母親の腹を破ってわらわらと子どもが出てくる"ように見えるので誤解もあるようですが、母親は無傷です。冒頭で説明したとおり、シーズン中だけにできるプラスチックの皮のようなものが腹の上に張りついているだけなので、その皮が破れても母親には何の支障もありません。
　長く母親のお腹の中で生活していた赤ちゃんダンゴたちは、外の世界でまずは脱皮をしなくてはなりません。これがはじめての脱皮となるわけです。この営みが新たな生活のスタート。はじめての脱皮の直後に自分の脱皮殻を食べます。それがはじめての食事となります。そしてその日のうちに親と同じく落ち葉などを食べはじめます。
　外の世界での生活が始まって10日ほどすると2回目の脱皮を行います。本によっては1ヶ月ほどと説明されることもあるので、食物や温度によって違いがあるのかもしれませんが、だいたい2週間以内に2回目の脱皮をするようです。実は今日まで赤ちゃんダンゴの脚は6対（12本）しかありませんでした。そして胸節も親より1つ少ない6節でしたが、この脱皮により改めて子ダンゴとなり、親と同じ7胸節の7対脚に変身します。そして1年間じっくり時間をかけて親になる日に向け成長してゆくのです。

ダンゴムシと仲間たち図鑑

24	オカダンゴムシ	
28	ハナダカダンゴムシ	
32	セグロコシビロダンゴムシ	
34	トウキョウコシビロダンゴムシ	
36	アリノスコシビロダンゴムシ	
38	ヤンバルコシビロダンゴムシ	
40	シッコクコシビロダンゴムシ	
42	ムリナネッタイコシビロダンゴムシ	
44	ヤンバルモリコシビロダンゴムシ	
46	フチゾリネッタイコシビロダンゴムシ	
50	ミヤココシビロダンゴムシ	
52	タテジマコシビロダンゴムシ	
53	ツヤタマコシビロダンゴムシ	
54	ハマダンゴムシ	
58	世界のダンゴムシ	
60	ミツオビアルマジロ	
62	Column.1 何の仲間？	
64	ワラジムシ	
67	オビワラジムシ	
68	クマワラジムシ	
69	ホソワラジムシ	
70	オオハヤシワラジムシの一種	
71	ナミベリハヤシワラジムシ	
72	サトヤマハヤシワラジムシ	
73	西表島の樹上性ワラジ	
74	マサヒトサトワラジムシ	
75	ヘリジロワラジムシ	
76	リュウキュウタマワラジムシ	
78	ニホンタマワラジムシ	
79	八重山諸島のタマワラジの一種	
80	ヤエヤマモリワラジムシ	
81	トゲモリワラジムシ	
82	フナムシいろいろ	
84	沖縄産の淡水フナムシ	
86	ニホンヒメフナムシ	
87	ちいさなワラジムシたち	
88	Column.2 ヨーロピアンです	
90	コツブムシ	
92	ヘラムシ	
93	ミズムシ	
94	オオグソクムシ	
96	ダンゴムシの親戚たち	
98	まるまる仲間たち	
102	Column.3 青いダンゴムシ	

ダンゴムシの仲間
本書ではコシビロダンゴムシ科、オカダンゴムシ科、ハマダンゴムシ科の3科をまとめてダンゴムシの仲間とする。すべての種がまるまる能力をもっている。

ワラジムシの仲間
丸くなれる種はいない。本書でいうダンゴムシの仲間とフナムシ以外のすべてのワラジムシ亜目の生き物。

フナムシの仲間
海浜性の種が有名だが、ヒメフナムシ類など森林性の種も少なくない。

その他
ダンゴムシ、ワラジムシ、フナムシが含まれるワラジムシ亜目以外のワラジムシ目の仲間、ダイオウグソクなど世界最大種を含む。そのほとんどは海産種。

まるまる仲間
ダンゴムシ類とは分類的に関係ないが、まるまる能力を持っていたり似た生態をした生き物たち。ダンゴムシとは収れん仲間。

この本での種名について

　ワラジムシ目（ダンゴムシの仲間）の研究は世界的に見てもまだまだ発展途上といえます。日本でも近年になって少しずつ研究が進み、現在までに150種ものワラジムシ目（ダンゴムシの仲間）が知られるようになりました。日本国内だけでこれだけの種がいると聞くとかなり多く感じられるでしょうが、さらに研究が進めば300種は優に超えることでしょう。

　このように現在記載されている種の倍以上の未記載種（未知の種）がいると想定されているわけですが、これは言い換えると日本で見られる半分以上の種に名前がないということになります。
　本書で紹介するダンゴムシたちの中にはまだ記載されていない種（和名や学名がない種）や、分類的位置づけがはっきりしていない、または発表されていないと思われる種も多数含まれますが、これらすべては著者の都合と感性で利便的にまとめさせていただきました。今日までのダンゴムシ研究からみて大きく逸脱した内容ではないと思いますが、あくまでも趣味でダンゴムシを楽しむという観点を重視していることをご理解ください。

図鑑のみかた

メイン個体の産地は種名の下に表記しています。
そのほか産地の異なる個体については個別に表記しました。

大きさ	
	頭部から腹尾節までの距離を測定しています。本書ではすべて生きている個体を測定し、なるべく正確な数値を記せるよう心がけました。また、よりイメージしやすいよう原寸大写真もあわせて掲載しています。

↑原寸大

分布	
	新たな産地の発見などにより日々変化する情報ですが、現在までの知見と著者が確認した内容でなるべく具体的に記しました。また、もともと日本にいなかった種（外来種）には"外来アイコン"をつけました。

すばしっこさ

基準となるいくつかの種を選び、個体のサイズ×10倍の距離を進む時間（例えば10mmのオカダンゴムシなら10cmを進むのにかかる時間）を測定し、本書でのスピード単位"od"を算出しています。
だいたい15odでフナムシ級のスピードとなります。
なおオカダンゴムシは人間の100m走に換算すると、オリンピック金メダルクラスの脚力となり、フナムシの15odは、実に2,7秒で100mを走りぬけることになります。

いる場所

市街地

平地の林

山地の森

浜辺

水中

生息地での量

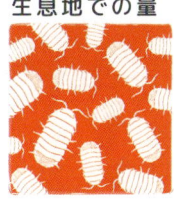
非常に多い

まあまあ多い

普通

少ない

非常に少ない

丸まりやすさ

貝のよう

防御重視

その時々

逃げ重視

丸まれない

子どもたちの人気者
オカダンゴムシ *Armadillidium vulgare*
東京都産

大きさ	 14mm 前後 18mm を超えることもある

 いる場所	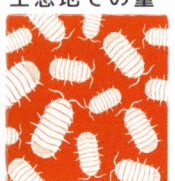 生息地での量	 丸まりやすさ

分布　 日本全土

すばしっこさ

 -OD  OD   F

ときどき見かけるジャギジャギした個体。
後天的なものだろうが、どのような条件でこのようになるのかは
わからない。なお、脱皮さえ成功すればこの状態は維持できる。

　われらがヒーローオカダンゴ。ヨーロッパ原産の帰化種で世界共通種でもある。その昔、日本に渡ってきて人の生活圏を中心に分布を広げてきた本種。こと最近では帰化種というだけで忌み嫌われ駆除対象にされる傾向のある世の中だが、オカダンゴは市民権を得てさらには子どもたちのヒーロー的な存在にまでなっている。

　一応は生野菜や生花も食べるので農学的には害虫というくくりに入れられることもあるそうだが、事実上の人畜無害生物。見るからに無害、実際に無害という性質ゆえに駆除対象にされることもなく、海を渡った先で定着し今では世界中で繁栄できているのだろう。なお、日本国内において、普通に人目に触れるようになったのは昭和に入ってからのようで有史時代というスパンでみればごく最近のこと。それゆえに全国での方言はほとんどなく、関西地方ではマルムシと呼ばれていたことが多かった、もしくは関西の一部地域でそう呼んでいた程度の話らしい。また、地域によってはタマムシ、ボールムシ、テマリムシ等の呼び方もあるそうだが、全国的にはほとんどダンゴムシという呼び方で一致しているようだ。

　一般には寒いイメージのあるヨーロッパが原産だが、寒さは少し苦手。日本では横浜あたりを中心に分布を広げていったと考えられているが、より暖かい地域へ向かうごとに勢力的で、北海道ではかなり個体数が少ないようである。また、私自身が見聞きした限りでは同じ本州でも寒い地域ほど個体数が少なくなる傾向にある。

　関東に住む私が観察している限りでは初夏と秋の2回繁殖することが多いが、寒冷な地域などに生息する一部の個体群は年1回しか繁殖できない可能性がある。このような事情が地域による勢力差に関係しているのかもしれない。少なくとも北海道では年1回のようだ。

意外と見つかる？レアカラー
日本各地で採集

　灰褐色から紫黒色の個体が大部分を占めるが、比較的色彩の変化に富むので赤っぽい個体や黄色の個体などは見つけやすい。
　アルビノなど色彩変異個体は数万分の1といった単位の話で出現するものなので、運が悪いと何年探しても見つけられない。ただし環境がよいと1ヶ所に何百匹〜数千匹のダンゴムシが生息しているのでそれだけの個体数がいれば、そのぶんアルビノなどが見つかる可能性も高い。

ニューアイドル
ハナダカダンゴムシ *Armadillidium nasatum*
神奈川県産

大きさ
14mm 前後 
18mm ほどの個体もいる

分布 
横浜・神戸から知られていたが、新たな生息地が次々と発見されている

いる場所

生息地での量

丸まりやすさ
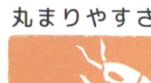

すばしっこさ

ハナダカダンゴムシ　と　オカダンゴムシ

学名の nasatum は鼻が高いことにちなんでいる。
名前のとおり鼻の高いことが写真からもわかる。

ハナダカダンゴムシとオカダンゴムシ

　日本では、最近になって知られるようになったダンゴムシ。新たな生息地が見つかると新聞などで騒がれることがあるが、現状で考えられているほど局所分布ではなくちょっと意識して探せばもっとたくさんの生息地が見つかるはず。現在では兵庫県と神奈川県で広範囲に生息しているのが認知されているが、今後は隣接する地域を中心にどんどん生息が確認されると思う。
　オカダンゴムシとは同属で近縁な関係にあるが、見た目の雰囲気はだいぶ違う。薄グレーの個体が多くやや扁平で素早く動く様は一見するとワラジムシのような印象も受けるが、捕まえるとちゃんとまるまるのですぐにダンゴムシとわかるはず。
　別に樹上性というわけではないのだろうが、樹幹や樹洞で活動していることも多い。またオカダンゴと比べると樹木の根元やその周辺で見つかることが多く、樹木への依存が強いのかもしれない。

 飼ってみて

　生野菜に対する食欲がハンパない。ダンゴムシの仲間としては一番野菜が好きな種だと思う。
　長く累代をさせていると少し薄い色の個体が出てきやすいように感じる。またその現象と相まって、若い個体は脱皮直後に色が薄くなる傾向があるので、"白い個体"が出現したと思い興奮してしまうことがある。
　飼育下ではあまり落ち葉や腐葉土の中には潜らないので、樹の皮やコルクなどを重ねて飼育すると調子がよい。

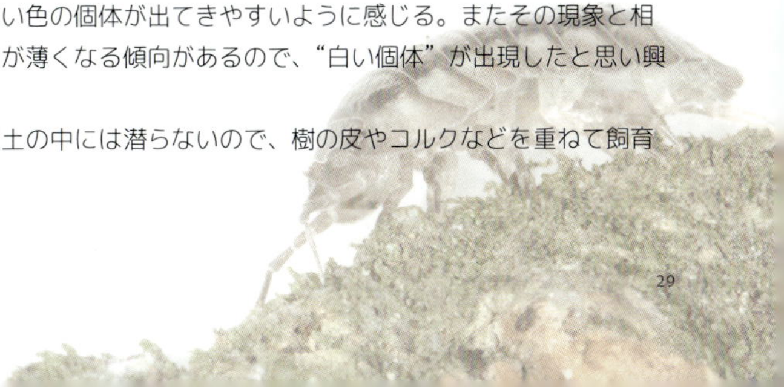

いろんな色のハナダカダンゴムシ

誕生して間もない赤ちゃん。
生まれたばかりはオカダンゴと同様白い色。

はじめての脱皮が終わり、餌を食べるようになった赤ちゃん。
まだ身体が透けているので、食べたものの様子がわかる。

樹皮の下で発見（横浜市）

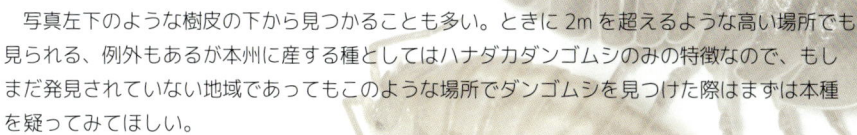

　写真左下のような樹皮の下から見つかることも多い。ときに2mを超えるような高い場所でも見られる、例外もあるが本州に産する種としてはハナダカダンゴムシのみの特徴なので、もしまだ発見されていない地域であってもこのような場所でダンゴムシを見つけた際はまずは本種を疑ってみてほしい。

一種じゃない？
セグロコシビロダンゴムシ *Spherillo obscurus*
千葉県産

大きさ
8mm前後
10mmほどになることもある

分布
関東地方

いる場所

生息地での量

丸まりやすさ

すばしっこさ

-OD　　　OD　　　　　　　　　　　　　　　　　　　F

別種と思われるよく似た種
丸まった際セグロはやや卵型だが、この種はほぼ円形で少し大型。
山地の日当りの良い乾いた林内に見られ局所的かつ生息密度も低くなかなか見つからない。

　雑味のない黒いダンゴムシで、日本在来の種と考えられている。同地域の個体群内での個体差はあまり大きくなく多少の濃淡はあるが黒から灰色の単色で安定している。低山の林に多い印象があるが、平地や海岸近く、また都市公園などでも見かけることはあるもののオカダンゴムシのようどこにでもいるわけではない。基本的にある程度の自然度がないと生息は難しいようだ。
　よく似たシッコクコシビロダンゴムシはその名のとおりさらに真っ黒でまさに漆黒であるが、頭部だけオレンジ色をしていることが多い。また分布もやや西よりで関東にもいるが、関西でより勢力的で特に海岸線で多く見られる。
　関東の山地では、非常にツヤが強く丸まった際により円形に近い真っ黒のコシビロダンゴムシが生息していて、セグロとはよく似ているが明らかに別種のようである。

飼ってみて
　オカダンゴムシよりほんの少しシャイな印象があり、より暗い環境で活発。そのほかはオカダンゴムシとほぼ同じ感じ。

都会には住めない
トウキョウコシビロダンゴムシ *Spherillo dorsalis*
伊豆半島産

大きさ
8mm 前後
10mm ほどになることもある

分布
北陸から九州まで広く分布

いる場所	生息地での量	丸まりやすさ

すばしっこさ

-OD　　　OD　　　　　　　　　　　　　　　　　　　　F

かなり黒っぽい個体

堆積した落ち葉の下にいた（伊豆半島）

　都市公園に多少は生息しているし明治神宮等都心近くにもいるにはいるが、ある程度の自然度が必要なので、基本的に都会では見ない。
　やや湿った低地の林内を好み、海の近くの低山や海岸林でよく見る。大きな石の下や倒木というよりは、堆積した落ち葉の下や落ち葉まじりの砂利の下など、少し通気がある環境を好んでいるようだ。
　全体的に黒っぽい色合いをしているが、背中線両脇は淡色であることが多く、また赤褐色の模様が現れるのが普通。一様に真っ黒な個体が多いセグロより見た目に鮮やかなことが多い。ただ個体によってはかなり黒っぽいこともあり、その場合はかなり紛らわしい。

飼ってみて
　食性、湿度などすべての面でオカダンゴにほぼ準じている。ちょっと小ぶりで見応えが足りない気がするが、物怖じせずうろうろと歩いてる姿をよく観察でき、食欲も旺盛なので飼育していて楽しい。

35

アリと共存？
アリノスコシビロダンゴムシ *Spherillo sp*
沖縄本島産

大きさ 9mm 前後

分布 沖縄本島

すばしっこさ

いる場所／生息地での量／丸まりやすさ

確かにアギトアリからは攻撃を受けないようだ。気になったのでクロヤマアリの巣に入れてみたら普通に攻撃されていた。

photo:Taku Shimada

　本州に生息するセグロコシビロやトウキョウコシビロとはよく似ているが、本種はほっそりとした体型をしており、上から見るとやや細長い印象を受ける。同所的に分布するヤンバルコシビロダンゴムシとも似た雰囲気があるが、より大型で細長く体色の黒みも強いので、複合的に判断すれば難しくない。
　本種はオキナワアギトアリの巣からよく見つかるそうで、アリから攻撃を受けずに一緒の空間で生活している。そのことから好蟻性を持っていることは明らかといえるが、アリの巣とは関わりのない場所からも見つかることは多いので完全に依存はしていないようだ。

飼ってみて

　アリの巣で見つかることの多い本種だが、飼育に関してはアリと関わりを持たせる必要はいっさいない。トウキョウコシビロダンゴと同様にシャイな印象があり、あまり活発ではないが基本的にはオカダンゴムシとほぼ同じ感じで飼育できる。

とってもシャイ
ヤンバルコシビロダンゴムシ *Spherillo sp*
沖縄本島産

大きさ 6mm 前後

分布 南西諸島

いる場所

生息地での量

丸まりやすさ

-OD　OD　　　　　　　　　　　　　　　　　　　　F

久米島の個体

小浜島の個体

　本書でヤンバルコシビロダンゴムシとした種と似た個体は、南西諸島に広く分布している。少なくとも沖縄諸島の各島に産する個体は同一種かまたは、ごく近縁な関係である。
　また、本書で紹介している小浜島産とは別に、八重山地方からより似た個体が見つかることがあるのは、もしかしたら本種も植物や土の移植に伴い拡散した種なのかもしれない。
　スカスカの落ち葉の中というよりは、分解の進んだ"土"に近い腐葉土の中や重い岩や倒木の下など、空気が滞留するような環境から見つかる。

飼ってみて
　とにかく陰気で土の中でずっとまるまっているだけ。食も細いので入れた餌もかなり長い間残っている。飼育者としてやることといえばケースの中の土をひっくり返して生存を確認することだけなのでかなり物足りない…。
　当然、地表に出てきているところや、歩いているところは滅多に見かけない。

実は2種？
シッコクコシビロダンゴムシ *Spherillo sp*
愛媛県産

大きさ
9mm 前後

分布
関東あたりから九州まで
（太平洋側に多い）

いる場所

生息地での量

丸まりやすさ

すばしっこさ

-OD　　OD　　　　　　　　　　　　　　　　　　　　F

艶タイプ (愛媛県)

鮫肌タイプ
肉眼ではわかりづらいが、写真だと違いがよくわかる (東京都)

　少なくともシッコクコシビロダンゴムシと言われているものには 2 種が存在し、テカリがあり額のオレンジが鮮明な艶タイプと、体表がザラザラで額のオレンジがやや不明瞭な鮫肌タイプとがある。両者は別種であると考えているが、混生することもあり小型な個体は識別が難しいこともある。
　大きさは、鮫肌タイプがやや大柄で 9mm 前後の個体が多く、艶タイプは 7mm ほどと一回り小振りなことが多いが、局所的に 11mm にもなる巨大な集団が見つかることもある。
　どちらも森林内の湿ったガレ場に多く、平地の海岸林から標高 1000m くらいまでの山地で見られるが、艶タイプのほうがやや平地に多く鮫肌タイプはより山手を好む傾向にあるようだ。

飼ってみて
　セグロコシビロダンゴムシに準じるが、艶タイプはやや乾き気味、鮫肌タイプはより多湿で飼うと調子がよさそう。どちらもやや気難しい印象があり長く累代するのは少し難しい。

旧ヤエヤマネッタイコシビロダンゴムシ
ムリナネッタイコシビロダンゴムシ *Cubaris murina*

渡名喜島産

大きさ
12mm 前後

分布
沖縄諸島、先島諸島など（日本）
世界中の熱帯地域

すばしっこさ

| いる場所 | 生息地での量 | 丸まりやすさ |

-OD　　OD　　　　　　　　　　　　　　　　　F

42

カリブ海ユニオン島産の個体
一律にオレンジ色の個体ばかりで見た目の印象も異なるが同一種

    本書の6刷まで紹介していたヤエヤマネッタイコシビロとトナキネッタイコシビロは、実は世界汎存種のムリナネッタイコシビロダンゴムシということがわかった。石垣産と渡名喜産に微妙な差があったのも事実なので、もしかしたらそれぞれのルーツは異なるのかもしれない。
    日本へはいつの時代にどのようにして侵入したのかまったくわからないが、西表、石垣、宮古、渡名喜の各島では港からほど近い二次林や人工的な環境で見つかっていることから、人為的に種苗等と一緒に持ち込まれたのではないかと考えている。
    模式産地の記事記述が見つからずブラジルが原産とする説もあるようだが、非常に近縁と考えられる種が多数見つかっていることから、インドシナ半島が本来の原産地ではないかと思う。

飼ってみて
    世界中に分布を拡大しているだけあってとても丈夫で他の半樹上性種の飼育方法であれば、どんな環境でも馴染んでくれるので、とても飼いやすい。

レントゲン写真みたい
ヤンバルモリコシビロダンゴムシ *Spherillo sp*
沖縄本島産

大きさ	いる場所	生息地での量	丸まりやすさ
10mm 前後			

分布
沖縄本島

すばしっこさ

-OD　　OD　　　　　　　　　　　　　　　　F

とても珍しい白い個体　　　photo:Taku Shimada

　現在までに沖縄本島北部の原生林内のみから見つかっている樹上性のダンゴムシ。
日中は樹皮の裏や洞に身を潜め夜になると樹表に現れ活動するという性質はフチゾリネッタイコシビロダンゴムシなど多くのCubarisの仲間によく似ており、その性質ゆえか体型も酷似している。そのため私自身も長らくCubarisの仲間と考えていたが最近になってよく調べてみると、近縁ではないことが分かってきた。本種の近縁と考えられる種を奄美大島や九州などでも見つけているが、どれも自然度の高い山地の潤湿な森の中のみに生息し、見つけるのは容易ではない。
　国産ダンゴムシの多くは性差や成熟の度合いなどによって色彩の個体差が少なからずあるが、本種は模様や色合いの差はほとんどなく、どの個体も安定して写真のような容姿をしている。

飼ってみて

　とても丈夫ではあるが、少し食が細いようだ。生野菜なども食べるが、広葉樹の落ち葉や樹皮、またそれらについた地衣類も好む。
　地中に潜るようなことはないが、いつも木の皮の下やコルク板の隙間などにいて、明るい所にはあまり姿を現さない。

歩くヘルメット
フチゾリネッタイコシビロダンゴムシ *Cubaris sp*
西表島産

大きさ 11mm 前後

分布 石垣島・西表島

すばしっこさ

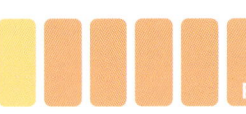

| いる場所 | 生息地での量 | 丸まりやすさ |

西表島の個体

石垣島の個体

樹幹を歩いていた（石垣島）　　　倒木の上を歩いていた（西表島）

　本書の6刷まで本種はCubaris iriomotensisという学名で紹介していたが、私のまったくの勘違いでこの学名は42頁のCubaris murinaのシノニム（すでに学名があるのにあとから命名されて2つ以上の名前があること）であったので、本種は未記載種のようだ。
　フチゾリと明記したように洗面器を逆さまにしたような体型が特徴的。この特異な体型のためにまるまった際もまんまるにはならず、レモンやラグビーボールのような形になる。
　湿度の高い森林内に生息し夜間に樹幹を徘徊しているのを見かける。日中は樹幹の皮の下や樹洞に潜んでいる。倒木など朽ちた材の中から見つかることもあるが、基本的には樹上生活に適応している種なのだと思う。
　ほぼ黒に近い紫褐色の個体と、赤またはオレンジ色の縁取りが入る個体との2型があるが、オカダンゴムシのように性差によるものではない。紫褐色の個体と、赤い縁取りの個体の割合は個体群によって差があるようだが、基本的に紫褐色の個体が大多数を占める。

飼ってみて
　高温多湿には弱いようで、ケース内は湿った場所と乾いた場所をしっかり二分すると失敗が少なくなるだろう。基本的には丈夫で、そのほかはオキナワネッタイコシビロと同じと考えて問題ない。

フチゾリネッタイコシビロダンゴムシ

オレンジ色が強く入った美しい個体

求愛行動（石垣島産）

飼育下での様子（石垣島産）

タイ国パークチョン郡産の近縁種

photo:AQUAHOLIC JAPAN

この本でのコシビロダンゴムシ類について

第1胸節　第2胸節

セグロコシビロダンゴムシ
Venezillo 属
第1胸節は2枚の板が重なったような深い切れ込みが入る。第2胸節の突起物は長く鋭い。

ネッタイコシビロダンゴムシ
Cubaris 属
第1第2胸節の突起物は短くコブ状になっている。

タテジマコシビロダンゴムシ
Venezillo 属（仮）
第1胸節の突起物は長くねじれるように背面側より外に出る。ただし角度によって見え方は異なる。

　外来であるオカダンゴムシ科と海浜性であるハマダンゴムシ科を除くと、日本在来のダンゴムシはコシビロダンゴムシ科のみとなります。このコシビロダンゴムシ科は現在3属から構成されているようですが、今後分類が整理されれば、新設される属も増えることでしょう。
　本書では既存のコブコシビロダンゴムシ（Hybodillo 属）、ネッタイコシビロダンゴムシ（Cubaris 属）、コシビロダンゴムシ（Venezillo 属）のほかに、上の写真の第1第2胸節腹面の側縁の形状からヨナグニコシビロやヤエヤマコシビロなど数種をタテジマコシビロダンゴムシの仲間として属相当の扱いにしました。
　コブコシビロダンゴムシ属に関してはフィリピン産コブコシビロダンゴムシ（58頁）と同様に全身がコブに覆われた特異な外見をしているので他種と見間違うことはありません。

ダンゴムシ

南海の巨人
ミヤココシビロダンゴムシ *Armadillidae sp*
伊良部島産

大きさ	14mm 前後
分布	宮古島・伊良部島

いる場所

生息地での量

丸まりやすさ

すばしっこさ

-OD　　OD　　　　　　　　　　　　　　　　　　　　　　F

とても貴重な宮古島産　　　　　　　　　　オレンジ色が強い個体もよく出現する
　　　　　　　　　　　　　　　　　　　　（伊良部島）

よく似ている小型な石垣島産の近似種

　とにかく大型で重量感のある種。名前にミヤコ（宮古）とあるが、宮古島では絶滅寸前で、伊良部島でかろうじて安定して見つけることができる。
　ネッタイコシビロダンゴムシの仲間であるCubaris（クバリス）属と似た雰囲気があるが、よく調べてみるとまったく近縁関係にはなく、むしろタマコシビロダンゴムシの仲間に近い。
　石灰岩地のやや乾いたガレ場に生息し、普段は石の下からほとんど姿を現すことはないが、雨上がりや湿度の高い夜は地表の岩の上を歩き回っている姿を観察できる。
　近隣の石垣島の似たような環境でもよく似た小型種がまれに見つかるが、近縁関係であるものの種類は異なるようだ。

飼ってみて

　オカダンゴムシと似たようなセットに加え、石灰岩などの細かい岩をたくさん入れるとよい。床材は厚めに敷いて、底部は多湿、表層は乾き気味になるように心がけて湿度調整すると調子がよさそうだ。

上から見ると四角っぽい
タテジマコシビロダンゴムシ *Sphaerillo russoi*
沖縄本島産

写真映えし美しい種だが小型なのがちょっと残念。
日本で唯一の専門書「日本産土壌動物」によると、本種は本土の分布となっているが、南西諸島にも広く分布しているようで、かなりのシノニムを含んでいる可能性がある。50頁のイリオモテタテジマコシビロとも同一種の可能性がある。物怖じしない性質で、本種が活発な暖かい時期には日中に樹幹や草本で元気に動き回っている姿も観察できる。

飼ってみて
ほぼ完全にイリオモテタテジマコシビロに準じるが、一回り小型であるため、より忙しなく感じる。一気にドカッと殖える印象があり、狭いケースだと過密になりすぎ、いきなり調子が悪くなることがあるので、極力ゆったりしたスペースで管理するとよい。

大きさ 8mm 前後

分布 沖縄諸島

すばしっこさ

まんまるツルピカ
ツヤタマコシビロダンゴムシ *Spherillo sp*
西表島産

国内随一の美麗種

石垣島産、産地を問わずオレンジの部分が多い個体もたまに見つかる　photo:Taku Shimada

　光沢が強くとても美しい。長らく『カガボソコシビロダンゴムシの一種』と言われることの多かった本種。本種を含む Spherillo 属（タマコシビロダンゴムシ）のダンゴムシは、以前は Venezillo 属（カガボソコシビロダンゴムシ）と呼ばれたことが所以。少なくとも国産のタマコシビロダンゴムシを見る限りでは本種が最も艶やかである。
良く似た種がタイやベトナムでも見つかっている。
西表島や石垣島の川の近くの高湿度な森内の湿った倒木下などから見られるが、求める生息環境がシビアでやや局所的かつ数は多くない。宮古島でも同一種らしきものが見つかっている。

飼ってみて
　ちょっと難しい印象がある。親は繁殖すると早くに寿命を迎え、子供の成長はとても遅いため、緩い縛りの年1化サイクルで代を繰り返しているように見受けられる。

大きさ　10mm 前後

分布　西表島、石垣島

いる場所

生息地での量

丸まりやすさ

すばしっこさ
-OD　OD　　　　　　　　　　　　　　　F

百人百様
ハマダンゴムシ *Tylos granulatus*
宮城県産

大きさ
20mmを超える
南西諸島では小型傾向

分布
日本各地

すばしっこさ

| いる場所 | 生息地での量 | 丸まりやすさ |

浜に打ち上げられた海藻の下にいた（西表島） 　　夜、トイレの壁を登っていた（竹富島） 　　天敵アシブトメミズムシに襲われた
photo:Taku Shimada

　その名のとおり浜に生息するダンゴムシで、自然の海岸、特に砂浜を好んで生息する。とにかく大型で国産ダンゴムシとしてはもっとも大きい。

　以前までは日本産のハマダンゴムシは単一種として扱われていたが、現在では南西諸島の個体は別種として区別される。本土のハマダンゴムシは非常に大型でときに20mmを優に超えることがあるが、南西諸島の種では大きくても15mmほどのことが多く基本的に20mmになるような個体はほとんど見かけない。

　体の模様は保護色となっており砂浜ごとに色彩の傾向が異なるが、アサリと同じようにそもそもの個体差が激しく同産地内でも同じ柄の個体はあまり多くない。本州では褐色の暗い色合いの個体が大部分を占めるが、白い砂浜の多い南西諸島では明るい色合いの個体が多くなる。

　砂に垂直に潜ることができ日中は砂の奥深くに潜っているが、夜間に這い出てきて漂着した海藻、木の実、魚の死体などを食べる。

飼ってみて

　砂を厚く敷いて飼育するのがよいようだが、ほぼ完全な夜行性なので人間の活動時間にその姿を見ることはない。夜にトイレなどで起きて真っ暗な中そおっとケースを見ると地表に出ている姿を見られる。

　狭いケースだと砂内の衛生状態を維持するのが難しいので、やや広々と飼うとよい。定期的に砂を洗ったり部分的に交換して清潔を保つことになるが、繁殖して個体が増えたり、それに伴い餌の量が増えてケース内のバランスが崩れるとポツポツ死に始めもう止まらなくなる。

　基本的に夜行性で飼育下でも明るい時間帯に姿を現すことは少ないが、死のモードに入ると昼間でも地表を歩いている個体を見るようになる。

　生魚や海藻なども食べるが、不衛生になりやすいのでほどほどに。普段はコイの餌や野菜をメインに与えてよい。

やっぱり百人百様ハマダンゴ

西表島産

同じ浜で暮らしていても色がこんなに違う

宮城県産

竹富島産

沖縄本島産

伊平屋島産

57

まるまるだけが持ち味じゃない
世界のダンゴムシ
オカダンゴムシ属のなかまたち

世界に180種ほどが知られ、多くは地中海周辺のヨーロッパに生息している。オカダンゴムシのように世界的に帰化している種は例外的でほとんどの種はその土地でしか見られない。

クラウンダンゴムシ *Armadillidium klugii*

モンテネグロ産
クラウンは王冠ではなく、ピエロの意。確かにどことなくピエロっぽい配色。

ゼブラダンゴシムシ *Armadillidium maculatum*

フランス産
白黒のゼブラ模様が一般的だが、学名の意味（黄斑）のとおり黄色黒の縞個体もいる。

ケルキラダンゴムシ *Armadillidium corcyraeum*

ギリシャ産
渋い濁りのある独特の黒が美しい。ギリシャのコルキラ（ケルキラ）島に産する。

サビイロダンゴムシ *Armadillidium sordidum*

スペイン産
形はオカダンゴムシによく似ているが色が奇抜。

サメハダダンゴムシ *Armadillidium peraccae*

イタリア産
半たくザラザラでワラジムシのようだがしっかり丸まれる。

オオハナダカダンゴムシ *Armadillidium frontirostre*

クロアチア産
2cm近くになる巨体もさることながら、よく見ると鼻がとても長い。

珍奇なダンゴムシ

マダガスカル産

photo:Paul pbertner

マダガスカルまで来るととんでもないのが出てくる。トゲトゲなコイツはもちろんまるまることもできる。まさにダンゴムシ界のハリネズミ。何から身を守りたくてここまでがんばってるのかはわからないが、本種の生息する森にはブロケシアという小型の夜行性のカメレオン多数生息している。それらからの補食を警戒してのことだったら確かに防御効果が高そう。

Armadillo sp

Armadillidae

ケニア産

マダガスカル産

3cm近くになる巨大なダンゴムシ。この仲間は主にヨーロッパからアフリカに66種が知られるが大型種が多い。

コシビロダンゴムシ科の一種。マダガスカルの乾いた森で得られているが、オセアニアのサバンナにもよく似た雰囲気のダンゴムシがいる。

photo:Taku Shimada

フィリピン産

アリの巣の近くから見つかったダンゴムシ。沖縄本島のアリの巣から見つかっているイシイコブコシビロダンゴムシもゴツゴツした容姿で、写真の個体とよく似た印象があり、近縁な関係にあるのかもしれない。この奇妙な容姿はアリと関わりを持った生活をする上では有利に働くのでしょう。

本家本元
ミツオビアルマジロ *Tolypeutes sp*
パラグアイ産

大きさ 250mm 前後

分布 国内の一部動物園など

いる場所 / 生息地での量  / 丸まりやすさ

すばしっこさ

-OD　OD　　　　　　　　　　　　　　　　　　　　　F

ダンゴムシの本家本元。アルマジロがダンゴムシのようにまるくなれると表現されることがあるが、それは間違いでダンゴムシがアルマジロのようにまるくなれるのである。なぜならダンゴムシの学名 Armadillidium（アルマディリディウム）はアルマジロが由来になっているから。ちなみにアルマジロというそもそもの名称の意味はスペイン語の"アーマード"（武装した）に由来する。
　なお、アルマジロの仲間は全部で20種ほどが知られるが、その中で完全にまるまれるのはミツオビアルマジロ属の2種のみ。本種はアルマジロの仲間としては中型か小型な部類に入り、丸まった状態ではハンドボールかそれより少し大きいくらい。体重は1〜1.5キロといわれているが、1キロ以下の成獣も少なくない。
　その名が示すように背中の帯状の甲板（帯甲）が3枚であることにちなむが、個体によっては2枚または4枚のこともある。

🧰 飼ってみて

　とても丈夫で飼いやすいが、夜にカタカタとうるさい。基本的に水槽などで飼育することになるが、夜になると水槽の端から端へいったりきたり無限往復を始めるので、その時の歩く音がかなり気になり狭い家で飼育する場合は睡眠の妨げになるかもしれない。
　野生状態では昆虫、トカゲ、動物の死体、熟れた果実等を食べるが、飼育下では果物とふやかしたドックフードを混ぜたものを与える。呼べば来るなど犬のような慣れかたはしないが、大変大人しく人に危害を加える手段を知らないのはダンゴムシと同じで、憎めない。
　意外と長生きで飼育下では12〜15年の寿命といわれているが15年以上生きた例は多数ある。
　※ココノオビアルマジロなど一部の種では動きがアグレッシブで扱いづらい場合も。

Column No.1
何の仲間？

動物界
節足動物門
甲殻亜門
軟甲綱
真軟甲亜綱網
フクロエビ上目
等脚目
ワラジムシ亜目
ダンゴムシ上科
オカダンゴムシ

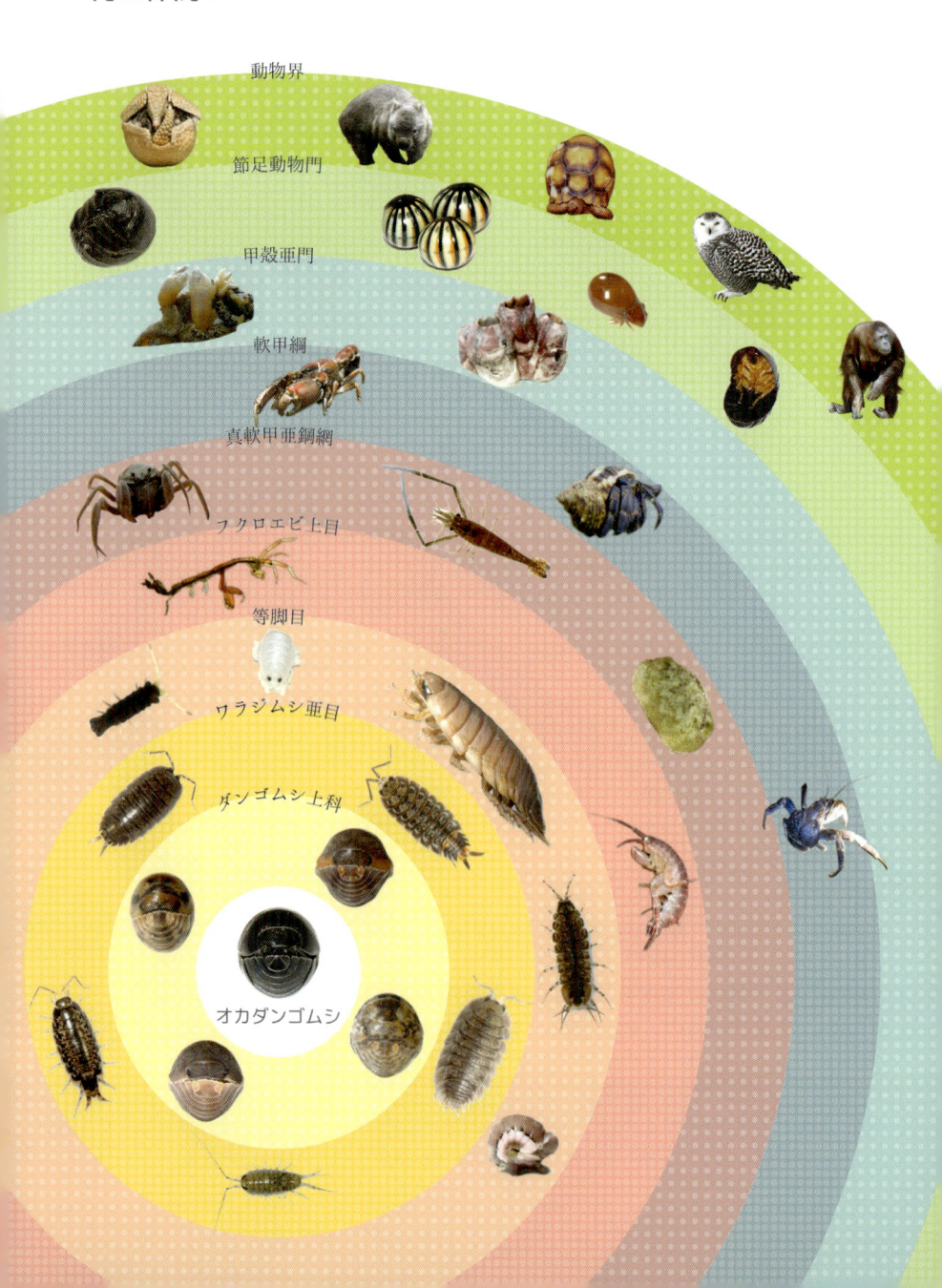

そもそもダンゴムシは何の仲間なのか？
　児童書などでは子どもにもわかるようにざっくりとエビやカニの仲間と紹介してることが多い。実際にそのとおりではあるが、かなり広い意味での話であり、ゾウという鼻の長い動物は、屋根裏にいるネズミと同じほ乳類の仲間だよ。というのと同じレベルの話である。万人が認知する分類群で一番近いのがエビやカニだったというわけで別に間違いではないが、もう少し詳しくダンゴムシの立ち位置を説明すると、動物界、節足動物門、甲殻亜門、軟甲綱、真軟甲亜綱、フクロエビ上目、等脚目（ワラジムシ目）ワラジムシ亜目に含まれるオカダンゴムシ科とコシビロダンゴムシ科、ハマダンゴムシ科の3科が常識的な意味でのダンゴムシの仲間といえる。エビやカニが含まれるのはホンエビ上目十脚目の仲間となるので、ほ乳類と置き換えてみてもやはりゾウとネズミくらいの距離がある。

　なおワラジムシ亜目は現在下記の11科から構成される

　フナムシ科 Ligiidae
　ナガワラジムシ科 Trichoniscidae
　ヒゲナガワラジムシ科 Olibrinidae
　ウミベワラジムシ科 Scypacidae
　ヒメワラジムシ科 Philosciidae
　ホンワラジムシ科 Oniscidae
　ハヤシワラジムシ科（トウヨウワラジムシ科）Trachelipidae
　ワラジムシ科 Porcellionidae
　コシビロダンゴムシ科 Armadillidae
　オカダンゴムシ科 Armadillidiidae
　ハマダンゴムシ科 Tylidae

　さらに上位分類群である等脚目（ワラジムシ目）の中に、本書で紹介しているオオグソクムシやヘラムシ、ミズムシ等が含まれる。

　最近では"等脚目"を改め"ワラジムシ目"と呼ぶが、10亜目あるうちワラジムシ亜目の種をのぞいて、原則としてすべての種が水棲種であり、さらにその大半は海産である。
　"目"というかなり大きな分類群の呼び名を、唯一の陸生グループであるワラジムシの名で呼んだら、普通の人は、みなワラジムシのように陸にいる種なのだろうと想像しますよね？
　別にいままでどおり"等脚目"と呼べばいいんじゃない？なんで改めたんだろう？

実はカラフル "無印ワラジムシ"
ワラジムシ *Porcellio scaber*
東京都産

大きさ
12mm 前後
15mm を超えることもある

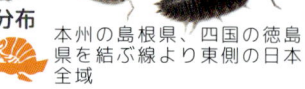

分布
本州の島根県、四国の徳島県を結ぶ線より東側の日本全域

いる場所
生息地での量
丸まりやすさ

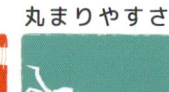

すばしっこさ
-0D　　　0D　　　　　　　　　　　　　　　　　　　　F

赤ちゃん誕生！
（神奈川県産）

夜、みんなで食事中

落ちたシャガの花を食べている

　いわゆる"無印ワラジムシ"で単にワラジムシといえば本種を指す。全国的にもっとも普通に見かけるワラジムシでもあるが、九州など一部地域には分布していない。
　公園のトイレなどでも見かけるせいか、ベンジョムシという愛称で呼ばれることもある。しかし、便所に好んで生息しているわけではなく、民家の庭、お寺、川沿いの遊歩道、駐車場などなど、人と関わりのある場所にならどこでも生息しているというだけである。
　ダンゴムシと同じく完全な人畜無害生物である。が、不快害虫のレッテルを張られ、たまに駆除の対象になっているのはとても気の毒。
　基本的に灰色ベースの単色の個体が大部分を占めるものの、地域によっては色彩パターンが異なる個体も出現しやすくそのバリエーションも多い。採集していて"変な色のを捕まえた！"というちょっとした満足感をお手軽に得られるのが本種のよいところ。

飼ってみて

　飼育はほぼオカダンゴムシに準ずるが食べ物の好みは少し異なるようで、オカダンゴほどは生野菜に執着せず落ち葉をより好む。
　好きな色柄のお気に入りの1匹を採集・飼育できる楽しみがある。色彩は遺伝することも多いので、選別して飼育しても楽しいかも。

探して楽しいレアカラー
日本各地で採集

個体群によって出現頻度は異なるようだが基本カラーである灰色や黒褐色以外の個体も見つけやすく、そのバリエーションが多い。特に赤を基色に黒い斑点の入る個体は見かける頻度も高く目立つ存在なので、しばしば別種に間違えられる。

人知れず最大級
オビワラジムシ *Porcellio dilatatus*
東京都産

ワラジムシとオビワラジムシ

　あまり注目されていないようだが、狭義のワラジムシの仲間としてはクマワラジムシと並び国内最大級の種。無印ワラジより横幅があり、大型でがっしりとした体つきをしているが、小ぶりな個体はとても似ていて紛らわしい。そのため生息が重なる地域ではかなり混同されているのだと思う。しかし今のところ関東地方以外では本種の分布はないようなので、そのほかの地域では間違えることはないだろう。
　個体差が少なくどの個体も安定して一様にねずみ色をしている。

飼ってみて
　大きく見応えがあるので飼っていて楽しい。飼育はオカダンゴに準ずるが、ケース内に少し乾いた箇所があると全体的に調子がよさそう。食べ物の好みは無印ワラジに近い。

大きさ
15mm前後
たまに20mmを超える

分布
今のところ関東の一部

いる場所

生息地での量

丸まりやすさ

すばしっこさ

67

分布拡大中
クマワラジムシ *Porcellio laevis*
愛知県産

部分白化した個体

アルビノの個体（大阪府産）

　大きな体格もさることながらダンゴムシのようなツルツルボディが特徴的。ちなみに、学名の laevis にも滑らかという意味がある。
　不意に捕まると死んだふりなのか？体を硬直させて動かなくなることがあり、愛嬌がある。
　大阪や兵庫ではかなり普通に分布しているようだが、そのほかの分布域では点在的なことが多く、意外と見かける機会は少ないのかもしれない。個体差は少なくどの個体も安定して一様にグレーに近い茶褐色をしている。

飼ってみて
　重量感のある体つきはそれだけで飼っている満足感を与えてくれる。しかし、見た目とは裏腹にちょっと臆病な性格をしており、明るいとなかなか地表には出てこない。
　また、すばしっこく床材を掘り返しても一目散に潜ってしまうのもちょっと寂しい。そのほかはオビワラジムシに準じる。

大きさ
16mm 前後
20mm ほどになることもある

分布
愛知辺りから西に九州までと沖縄本島

いる場所

生息地での量

丸まりやすさ

すばしっこさ

-OD　　OD　　　　　　　　　　　　　　　　　　　F

粉吹きの下は意外とキレイ
ホソワラジムシ *Porcellionides pruinosus*
東京都産

脱皮中

赤ちゃん

　和名にあるホソは"細身の"という意味がこめられているが、あくまでも無印ワラジと比べてのようで、国産のワラジムシ類全体を見通してみると本種が特に細いというわけではない。むしろ特筆すべきは、粉吹いたような質感をした独特の体表で、ここまで顕著なのは国産種では本種だけ。学名のpruinosusも"霜がおりた"さまの表現で、やはり本種の体表にちなんでいる。

　しかし、生後しばらくの間と脱皮直後の体表はツヤがあり普通の見た目になる。また脱皮直後でないとわかりづらいが本来の体表の色は、紫褐色から赤褐色と意外と変化に富んでいる。

　比較的よく殖える種なので、は虫類や両生類を飼育している人の中には本種を餌用に飼育している人もいる。またそれらを取り扱うペットショップで売っていることもある。

飼ってみて
　野生では明るい草地に多く生息していることもあってか、飼育下でもあまり隠れようとせずよく地表に出てきて餌を食べている姿が観察できる。そういった意味では、床材から出てこない種よりかなり"飼ってる感"が得られると思う。しかし、よく殖える種なので、あまり床材に潜らない性質と相まって、実際はちょっと殖えただけなのに莫大な数になったような錯覚を起こす。なので人によっては嫌になるかも。

大きさ 12mm前後

分布 新潟から千葉を結ぶ線より南側の全域

いる場所

生息地での量

丸まりやすさ

すばしっこさ

とにかく大きい
オオハヤシワラジムシの一種 *Lucasioides sp*
神奈川県産

　東京湾に浮かぶ自然島に生息する大型のハヤシワラジムシ。在来種としては最大級のワラジムシ。カントウハヤシワラジムシに似ているところも多いが、はっきりとした相違点がいくつかある。しかしワラジムシの仲間の多くは、同一種であっても体のサイズによって別種のように構造物の形状が異なることがあり、写真の種も個体群として非常に大型であるために、既存の種とは別種に見えているだけかもしれない。

飼ってみて
　生息する島は比較的湿度が高く保たれているので、やや多湿の方が調子がよさそう。しかし、空気が滞留すると失敗しやすくなるのはワラジムシ飼育の基本でもあるので、無理に多湿にするくらいなら意識せずにオカダンゴムシや多くのワラジムシ類に準じた飼い方でよい。

大きさ 12.5mm

分布 東京湾内猿島

いる場所 / **生息地での量** / **丸まりやすさ**

すばしっこさ -OD 〜 OD 〜 F

ほっぺがブルドッグみたい
ナミベリハヤシワラジムシ *Lucasioides sinuosus*
香川県産

 大型のハヤシワラジの一種で日本では四国のみで知られる。よく似た個体が韓国から見つかっているそうだが同一種かは不明。
 頭部側縁前方への突出（複眼前方の突起）が強く、正面顔が独特。また胸部体節の後側方が強く湾曲していることが種としての最大の特徴で、これにより体の縁がノコギリのようにギザギザな印象になっている。そういえば、ワラジムシの仲間を英語では sawbug（ノコギリムシ）というが、本種にこそ相応しい英名。

飼ってみて
 飼育はほぼオカダンゴムシと同じだが、ケース内は乾いた箇所と湿った箇所がはっきり分かれている方が調子はよさそうである。食べ物の好みもオカダンゴというよりは、並ワラジに準じ、野菜類だけではなく、落ち葉類もそれなりに高い優位を持って食べる。

大きさ 11mm

分布 四国

いる場所 / **生息地での量** / **丸まりやすさ**

すばしっこさ -OD ～ OD ～ F

ハサミムシみたい
サトヤマハヤシワラジムシ *Lucasioides nishimurai*
神奈川県産

　分布域は大変広いものの、並ワラジやオビワラジなどの外来種が優先的な地域ではあまり見かけない。それらの外来種がまだ勢力的でない地域や九州地方ではちらほら見かける。

　トウヨウワラジムシ科の仲間は属レベルでも判別が困難な場合があるが、本種はとにかく尻尾が長く、また体も細長く特徴的なので見分けやすい種のひとつといえよう。なお、尻尾の長さには多少の性差があるようでメスではやや短いようだ。

　比較的最近記載されたハチジョウハヤシワラジとはとてもよく似ているが、本種はより細い体型をしている。

飼ってみて
　樹上性傾向が強く、オカダンゴムシというよりは、ややネッタイコシビロダンゴ類の飼い方に近い。

　食べ物の好みもオカダンゴというよりは並ワラジに準ずる。

大きさ 10mm

分布 関東から九州まで

すばしっこさ

いる場所 / 生息地での量 / 丸まりやすさ

腰の模様がホタルみたい
西表島の樹上性ワラジ *Trachelipidae*
西表島産

夜、倒木の上を歩いていた

西表島の森林内で見つけたトウヨウワラジムシの一種。おそらく未記載種であり、本種のように未知のトウヨウワラジムシはまだまだいると考えられている。

渓流沿いに生える樹木の小さな亀裂や立ち枯れした樹木の洞などで見られ、樹上生活に特化している印象。また、腹部の付け根に見える黄色い一対の斑紋が特徴的で、夜間に樹幹で活動している本種を懐中電灯で照らすととても目立つ。背面のイボ状突起の発達も良好でザラザラした質感に見える。

飼ってみて
野生での生息環境からネッタイコシビロダンゴムシ類に準じた飼育をするとよい。野生では樹皮についたコケや地衣などを食べているのか野菜類に強い関心は示さない。しかし、落ち葉等も普通に食べるので無理に餌を変える必要もないのだと思う。小型だが飼育中も姿がよく見られるので楽しく飼える。

大きさ
7mm前後

分布
西表島

すばしっこさ

名前が高貴？
マサヒトサトワラジムシ *Mongoloniscus masahitoi*
東京都産

同属の近縁種コガタハヤシワラジムシ
M.katakurai（神奈川県産）
はっきりいって写真でも違いはわからない。

同科別属の近縁種オキナワハヤシワラジムシ
Nagurus okinawaensis（沖縄本島産）
種どころか属までもが違うのに、見た目ではほとんど違いが見いだせない。
日本全国、こんな種がごろごろいる。

本種は皇居で発見された種である。本種の和名がスゴいことになっているのはこのような背景が関係しているのであろう。トウヨウワラジムシ科はとんでもなく分類が難しく属レベルでも肉眼での判別は不可能。種同定ともなると分解してパーツを取り出し顕微鏡で精査する必要があるので、素人レベルではお手上げである。趣味で飼育するなら生息地の記録をしっかり残しておき、何となく愛称でもつけて付き合えばよいと思う。

飼ってみて
とっても丈夫で飼いやすい。飼い方はヘリジロワラジムシに準じる。

大きさ
5mm 未満

分布
関東地方の一部

いる場所

生息地での量

丸まりやすさ

すばしっこさ

-OD　　OD　　　　　　　　　　　　　　　　　　　F

74

ちょびひげ
ヘリジロワラジムシ *Leptotrichus fuscatus*
東京都産

　本種を含むチョビヒゲワラジムシ属の仲間は南西諸島から多く知られているようだが、本種は本州でも見られる変わり種。

　属名が示すように短いヒゲが特徴的。灰白を基色に黒い斑点が入り、色彩のメリハリがしっかりしているのも、多くのワラジムシ類とは大きく印象を変えている。

　驚くと体を硬直させて動かなくなるが、クマワラジが行う"死んだふり"のような感じではなく、まるまる努力をしているようにみえる。

　写真の個体は都内の森林公園の落ち葉の下から見つけたが、少なくとも都内ではかなり局所的な分布のようだ。

飼ってみて
　個体そのもののサイズも小さいし、いつも床材に潜っててほとんど姿を見せないので、あまり飼っている気がしない。

　基本的な飼い方はオカダンゴに準じてよいが、少し乾燥気味に飼うと調子がよさそう。

※ただし水分補給の意味を兼ねていつも新鮮なニンジンやナスを入れておく。

大きさ
6mm 前後

分布
関東・関西にやや局所的に分布

いる場所

生息地での量

丸まりやすさ

すばしっこさ

ワラジムシ

なぜか小さい
リュウキュウタマワラジムシ *Alloniscus ryukyuensis*
沖縄本島産

大きさ
6mm 前後

分布
琉球列島

いる場所

生息地での量

丸まりやすさ

すばしっこさ

-OD　　OD　　　　　　　　　　　　　　　　　　　　　　　　F

浜の砂の色と似た体色である（沖縄本島）　西表島

西表島産

伊平屋島産

　ニホンタマワラジの南西諸島における代替種。本種ではより砂浜への依存が強い模様。保護色のため体表は生息する砂地と似たような色合いになるので、地域というよりは砂浜ごとに色合いが異なる。本州に比べ白い砂浜が多い南西諸島南部では白や赤を基色としたエキゾチックな個体が多い傾向になるが、分布域の北部（奄美大島など）の黒い砂浜に生息する個体は、ニホンタマワラジと同じような色になる。
　基本的にニホンタマワラジより小型であるが、同種内でも南に行くほど小型傾向が強くなるように感じる。これらの色彩パターンと南に行くほど小型傾向が進む様子は、ハマダンゴムシと共通した性質といえる。

飼ってみて

　難しい。飼育開始当初からジリ貧で1ヶ月くらいから死に始めて、2ヶ月後くらいに1匹もいなくなってる。

まるまる努力はします
ニホンタマワラジムシ *Alloniscus balssi*
山形県産

海岸林の落ち葉の下で（伊豆半島）

　ウミベワラジムシ科に含まれるとおり、海辺を代表するワラジムシ。ワラジムシの仲間なのでまるまれないが、びっくりするとまるまるようなポーズをする。そんな姿が本種の命名者に"玉"を連想させたのかもしれない。

　夜に砂浜で流れ着いた海藻などを食べている本種を見るが、その際ライトで照らすと湿って固く締まった砂地でも上手に潜っていくのは本種が海浜生活に適応している証。でも、海岸林の落ち葉や倒木の下など砂地以外に生息する個体も少なくない。

飼ってみて

　海浜性の種なので床材を砂にして飼ってもよいが、掃除が大変になることと、湿度の案配がわかりづらくなるので、思い切って普通のワラジムシと同じような飼育法にしても問題ない。

　ワカメ等の海藻も喜んで食べるが、痛みが早いので無理に与えなくてもよいと思う。

大きさ
10mm 前後

分布
新潟から福島を結ぶ線より南に九州・大隅諸島までの分布となっているが、少なくとも秋田南部には生息する。

いる場所 | **生息地での量** | **丸まりやすさ**

すばしっこさ
-0D … 0D … F

瓜ふたつ
八重山諸島のタマワラジの一種 *Alloniscus sp*
西表島産

　西表島で採集。はじめて採った時は、あまりにもニホンタマワラジと似ていたので本土からの逆移入かな？とも思ったほどだがどうも別種のよう。その根拠を説明すると退屈な話になってしまうので、簡単に…、ニホンタマワラジより鼻が明らかに低く不明瞭。体長に対する体高、体幅の比率がニホンタマワラジのそれより若干大きいので気持ち丸っこく見える。しかし、ニホンタマワラジと分布が重なることはないので採集した場所から判断してもらうのが手っ取り早いかと。

　分布の重なるリュウキュウタマワラジとは完全に棲み分けしており、同じ場所で見かけることはない。本種は海岸林にも生息しているが海浜性とはいえず、平地の林や畑、牧草地などに多く生息する。

飼ってみて
　内陸性ワラジムシとして完全に割り切って飼えばとても丈夫。タマワラジの仲間だからといって下手にワカメを与えたり床材を砂などにして飼うと調子を崩す。

大きさ
10mm 前後

分布
西表島、石垣島

いる場所 | **生息地での量**  | **丸まりやすさ**

すばしっこさ
-OD　OD　　　　　　　　　　　　　　　　F

なんだかカブトエビみたい
ヤエヤマモリワラジムシ *Burmoniscuc ocellatus*
西表島産

オレンジ色の強い個体

子ども

ヨナグニモリワラジムシ
とされていた個体

　カブトエビなど、ある種プランクトンに通ずる外見と動きをし、多くの人が思い描くワラジムシとはちょっと毛色が違うのはモリワラジの仲間だから。

　本種を探し倒木などをひっくり返していると大量に生息している箇所に当たることがあるが、その際の逃げる姿はまるで泳ぐ小魚のようにも見える。ほかのダンゴムシ、ワラジムシの仲間と同様に体の一部または全体がオレンジ色になる変異は本種でも見られるが、比較的高頻度かつパターンも豊富。本種は西表島、石垣島、与那国島の各個体群が独立種として考えられていたが、最近統合し一種類と考えられるようになった。

飼ってみて

　ほかのモリワラジの飼育に準ずるが、体が大きいぶん乾燥にもやや強く少しくらいズボラに飼育しても大丈夫。それでもほかのワラジ類と比べるとかなり弱いが…。

　腐葉土ほど発酵が進むと逆にあまり食べないが、よく熟成した落ち葉を好んで食べる。

大きさ 11mm 前後

分布 先島諸島

いる場所

生息地での量

丸まりやすさ

すばしっこさ

ヒメフナに似てるけど…
トゲモリワラジムシ
（オキナワモリワラジムシ）
Burmoniscuc okinawaensis

沖縄本島産

このような柄の個体もよく見かける。

沖縄本島本部半島産の個体。一様に黒く 10mm 以上と大型で、おそらくオキナワモリワラジムシとは別種。

赤ちゃん

屋久島から沖縄までの分布としたが、この中に複数の種が含まれているのは確実。モリワラジムシの仲間はヒメフナムシと似た雰囲気があるが、分類的にはかなりかけ離れている。

いる場所にはたくさんいるが、とにかく素早くまた体も柔らかいので捕まえるのはとても大変。なお、モリワラジの仲間は紀伊半島あたりから分布しているが、これらの地域ではヒメフナムシと混同されていることがある。

飼ってみて

乾燥には弱いのに蒸れすぎても調子を崩すので注意が必要。この辺のさじ加減が最初はわかりづらいかもしれないが、コツというか感覚さえつかめれば、とにかく丈夫。

小さいので飼育開始当初は土だけの状態がしばらく続くだろうが、殖えはじめると地表にもよく出てくるので、眺めていて楽しい。

大きさ
6mm 前後

分布
屋久島から沖縄本島まで

いる場所 / **生息地での量**  / **丸まりやすさ**

すばしっこさ
-OD ～ OD ～ F

フナムシ

よくみりゃカワイイ
フナムシいろいろ *Ligia exotica Ligia cinerascens Ligia ryukyuensis*
伊豆半島産

フナムシ

フナムシの赤ちゃん

フナムシ（伊豆半島）

キタフナムシ（秋田県産）

リュウキュウフナムシ（伊平屋島産）

リュウキュウフナムシ（西表島）

大きさ
　50mm 前後　最大 60mm ほど

分布
　日本全域の海岸

いる場所

生息地での量

丸まりやすさ

すばしっこさ

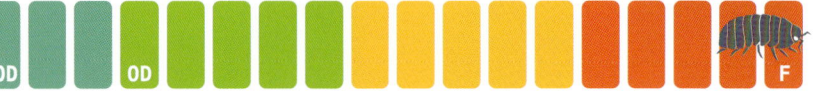

-OD　　OD　　　　　　　　　　　　　　　　　　　　　　　F

ダンゴムシやワラジムシが好きでも、フナムシだけはダメという人も多いはず。きっと、動きがアレなんでしょう。フナムシの仲間は世界中の海浜に生息しているが、海外の人も同じような認識だそうでフナムシ類を標準的な英名 sea slater（海ワラジ）と呼ぶ人は実はあまりおらず、もっぱら sea roach（海ゴキ）または wharf roach（埠頭ゴキ）などと不名誉な名称で呼ばれているそう。

　それはさておき、実はフナムシ類もダンゴムシと近い仲間で、ハマダンゴとオカダンゴの関係よりもオカダンゴとフナムシの方がより近いかもしれないほど。

　一般的にフナムシとして認識されている種は主に3種からなる。

フナムシ *Ligia exotica*

　全国的にもっとも普通に見られ本州から大隅諸島まで生息する。触角が非常に長く触角を後ろに流した場合、お尻の先端まで到達する。海浜から少し離れた所で見かけることもある。

キタフナムシ *Ligia cinerascens*

　本来は、北海道または北日本に限定的に分布していた可能性があるが、近年になって新たな生息地が方々から確認されている。現在では北海道はもとより四国でも見ることができる。大阪湾、東京湾の一部ではキタフナムシが優先的な場合もある。フナムシと混生する場合はより水場に近い所に多い。フナムシとは大変よく似ているが、触角の長さが異なり、キタの方では触角の先端が腹部に届かないくらいの長さなので一目瞭然。

リュウキュウフナムシ *Ligia ryukyuensis*

　南西諸島版のフナムシ。奄美以南の南西諸島に分布している。容姿、性質ともにほかのフナムシとよく似ているが、分布が重ならないので間違えることはない。基本的に小型で最大全長もせいぜい 40mm ほどまでにしかならない。またフナムシと同じ長さの場合でもより細い体型をしている。フナムシと同じく本種はすこし水場から離れた所でも見つかることがある。

　そのほか最近記載されたものも含め *Ligia* 属には下記の種が知られている。

```
小笠原　　　　：オガサワラフナムシ、アシナガフナムシ、ナガレフナムシ
伊豆諸島　　　：ハチジョウフナムシ　ミヤケフナムシ
宍道湖、神西湖：シンジコフナムシ
```

飼ってみて

　かなり丈夫な印象はあるが、真剣に飼わないと長生きさせるのは難しいと思う。野生だと魚の腐肉や打ち上がった海藻などを食べているのだが、これらの餌は飼育下で大量に与えると不衛生になりがちで、おのずと餌の量をセーブしてしまい脱皮時に無防備な個体が共食いされやすくなる。そのため、沢山の餌を与えつつ衛生状態を保つことを両立させる必要がある。最低 60cm 水槽でアクアテラリウムを作るくらいの気持ちがあれば安定して飼育できると思う。

　ちなみに海浜性のフナムシは浸透圧が高く塩水に高度に適応した体となっているが、普通に飼育するぶんには真水でも問題はなさそう。ただ、様子を見ていると塩っけの強い餌を優先的に食べるし塩水も普通に飲むので、ミネラル分などを得ているのかもしれない。

海を捨てました
沖縄産の淡水フナムシ *Ligia sp*
与那国島産

ヨナグニイズミフナムシ

赤ちゃん

生息地の様子（与那国島）

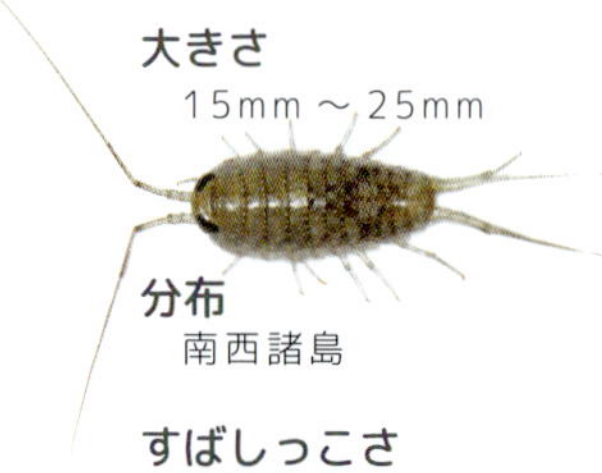

大きさ 15mm～25mm

分布 南西諸島

いる場所 / 生息地での量  / 丸まりやすさ

すばしっこさ

-OD ／ OD ／ F

84

クメジママミズフナムシ

久米島の洞窟

ミヤコマミズフナムシ

宮古島産

来間島産、宮古島産とは別種かも

　小笠原に生息するアシナガフナムシの隠蔽的な存在で、純淡水域に生息するナガレフナムシの発見は研究者のみならず生き物に興味のある人の記憶に新しいことと思う。世界初の淡水フナムシの発見はセンセーショナルに扱われたが、そんなに珍しい事例ではないのかもしれない。
　ここで紹介するのは南西諸島産の淡水フナムシ3種（いずれも未記載種）。
　与那国島産のヨナグニイズミフナムシ（仮名）。完全に海とは関わりのない、内陸の石灰岩質でできた山に生息している種。岩肌からは常に真水が染み出ていて周辺に大規模な水場はなく、かなり陸生生活に特化している。おそらくこの場所だけの固有種。リュウキュウフナムシとは似ているがとても小型で20mmほどにしかならない。ちょうどアシナガフナムシとナガレフナムシような関係にあたるのだと思う。
　久米島内陸の洞窟入り口周辺のみに生息するクメジママミズフナムシ（仮名）。背中線上の黄色いラインが非常に目立つ。これはすべての個体に見られることから本種の特徴といってもよい。サイズはリュウキュウフナムシよりやや小型で25mmほどにしかならない。
　宮古島東岸と属島の来間島から見つかったミヤコマミズフナムシ（仮名）。岩から染出る真水の周辺で生活しており、リュウキュウフナムシとは明らかな棲み分けがなされている。遠く離れた場所のクメジママミズフナムシとは似た特徴を多く有しており、トカシキオオサワガニとミヤコサワガニが共通の祖先を持つ近縁関係であるように、この両種のフナムシも同じ祖先を持つのかもしれない。

飼ってみて

　オカヤドカリを飼うような感覚がよい気がする。床材は別にサンゴ砂である必要はないが、砂利や石ころを敷き、落ち葉や枝でレイアウトしつつ、いつでも新鮮な水が飲めるよう、醤油皿のようなもので小さな水入れを設置するとよい。

森に棲んでます
ニホンヒメフナムシ *Ligidium japonicum*
神奈川県産

生息地の様子

近縁のリュウキュウヒメフナムシ *L.ryukyuense* は額の黄色い模様が目立たない。(沖縄本島産)

　名前にヒメのつくフナムシなのだから、埠頭にいるアレの小型版を想像するかもしれないが、本種は完全な森林性で塩水の影響がある所では生きられない。湿潤な森の落葉層に生息し乾燥にはかなり弱い。

　大変素早く落ち葉の間を泳ぐように移動する。写真ではあまり目立たないが現物を肉眼で見ると額の黄色い模様がとてもよく目立つ。たまに混同されることのあるモリワラジにはこのような模様はないので一度認識できてしまえば、間違えることはない。

　ちなみに、中国地方西部から九州、対馬にはよく似たチョウセンヒメフナムシが代替種となり、南西諸島ではリュウキュウヒメフナムシが分布する。いずれの種もよく似ている。

飼ってみて
　捕獲時から飼育ケースに移すまでの短期間でも高温になったり、乾燥気味だったりすると失敗しやすい。それでも、しばらくは細々と生き続けるのでずっと原因がわからなかったが、とにかく最初がキモ。生息地の落ち葉もなるべく多く一緒に持ち帰るようにすると持ち帰るまでの環境を安定させやすい。基本的な飼育や食性はモリワラジの仲間に準じる。

大きさ
11mm 前後　13mm ほどになることもある

分布
本州・四国・北海道

いる場所

生息地での量

丸まりやすさ

すばしっこさ

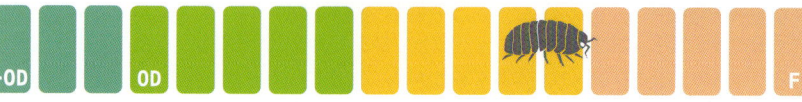

-OD　　OD　　　　　　　　　　　　　　　　　　　　　F

土壌のプランクトン
ちいさなワラジムシたち

シロワラジムシ
Trichorhina tomentosa
ペット用の小型両生類の餌に利用されている。実はヨーロッパ原産で科単位でも日本には分布していない。

オカメワラジムシ
Exallononiscus cortii
蟻の巣から見つかることが多いが、蟻と関わりのない所からも普通に見つかるので"繁栄に蟻が必須"というわけではなさそう。そこそこ大型で4.5mmほどになる。

ナガワラジムシ科の一種
Ttichoniscidae
神奈川県で見つけたちょっと変わったナガワラジムシの一種で3mmほど。小さいながらも写真のようにまるまる努力はする。

ナガワラジムシ
Hoplophthalmus danicus
本州中部以北の土中でよく見かける。最大全長4mmほど。

オキナワニセヒメワラジムシ
Pseudophiloscia okinawaensis
洞穴内やその周辺に多い種で、目がないように見えるが片方5粒ずつの個眼がある。4mmほど。

　本書冒頭でも触れたように現段階で150種以上が知られる国産ダンゴ・ワラジの仲間だが、1cmを優に超えるような見栄えのある花形はかなり少数で、実は5mmに満たないプランクトン級の種も非常に多い。この手の小型種は肉眼で見る限りだいたい白っぽいし動きも同じような感じで似たり寄ったりの印象になりがちだが、ルーペなどを使って注意深く観察すれば、種ごとの個性も豊かで意外と面白い。普段はマイクロすぎて目立たない連中だけど、近所の公園でも庭先でもどこからでも見つかる。ちょっと意識してクローズアップしてみてはいかがでしょう？大物とは違う面白さが味わえるかも？

Column No.2
ヨーロピアンです

　日本でよく目にする**オカダンゴムシ**。ダンゴムシに関する子ども時代の記憶や知識は誰もが同じように持っているのは当たり前のことと感じているかもしれません。
　しかし、必ずしも誰もが同じようにオカダンゴムシをイメージしているわけではないようで、大正時代生まれの方や昭和生まれの方でもご年配の方では出生の地域によって、ダンゴムシで遊んだ記憶がなかったり、ダンゴムシの存在そのものを知らない場合もあるようです。明治生まれだった私の祖父にダンゴムシを見せたところ「こんな虫最近まで見たことないし名前も知らん」と言ったのには驚いたものです。

　というのも、オカダンゴムシはもともとヨーロッパ原産の生き物で昔の日本にはいなかったそうです。"オカダンゴムシは外来種で明治以降に貨物船にまぎれて地中海からやってきた"というのが定説になっています。ヨーロッパが原産というのに間違いはないですが、侵入した時代と経路は不明なので、定説が確かなのかは誰にもわかりません。ただ単に、明治時代くらいから目につくようになっただけで実はもっと古い時代から、しかもすでに帰化していたであろうアジアから侵入していた可能性だって十分にあるわけです。それはともかくとして、ここ100年くらいで私たち日本人の目につくようになったのは間違いなさそうです。

　記録としては明治18年頃に横浜港で見つかったのが最初でその後、昭和初期になって一部地域で園芸害虫として疑いがかけられるようになりました。すなわち、昭和初期になってはじめて一般的に認知されるようになったといってよいと思います。一般的になったといっても現在のような広域かつ高密度な分布ではなく、点在分布でしかも密度にも偏りがあったのだと思います。

　このオカダンゴムシの歴史ですが、現在でも進行中であると私は考えています。今はまだ市街地や都市部を中心に生息をしていますし、地域によって生息密度に多少の差もあるようです。将来的にどのような形で落ち着くのかはわかりませんが、オカダンゴムシにとって日本という国はまだ開拓中の新天地なのです。

ハナダカダンゴムシという種もヨーロッパ出身の帰化種で、いわばダンゴムシ界の新人みたいなものです。ハナダカダンゴムシが日本で認知されるようになったのは1990年代初頭で比較的最近の出来事といえます。オカダンゴと同じくやはり最初は横浜で見つかっています。あくまでも目につくようになったのがその頃というだけで実際にはそれ以前から生息していたのかもしれませんが、それでも見つかった当初は"珍しい"存在でした。その後、90年代後半に神戸でも発見されました。2010年頃までは横浜と神戸だけで見られる珍しいダンゴムシという認識でいた人も多いようですが、実はあまり調査されていなかっただけのようで、意識が高まってきた近年では多くの場所から次々と見つかっています。私自身もその頃までは、まだ物珍しいまなざしで見ていましたし、今後はじわじわ分布を拡大させていくのだろうなぁ程度の思いしかありませんでしたが、ここのところは現在進行形で一気に勢力を強めている、といった印象があります。将来的にはオカダンゴムシに続く"どこでも"見られるダンゴムシになりそうな予感さえしている今日この頃です。（28頁も参照）

　外来のダンゴムシの仲間（ワラジムシ目）はほかにもまだまだいます。九州、沖縄以外の日本全国の人が目にするワラジムシもヨーロッパ出身です。また、**クマワラジムシ**、**オビワラジムシ**、**ホソワラジムシ**など大型で人目に触れやすいこれらの種もすべてヨーロッパ出身の外来種となりますので、日本の都市部や市街地で見かけるワラジムシはだいたいがヨーロピアンといってもいいくらい。

　このようにオカダンゴムシを筆頭に、ハナダカダンゴ、並、クマ、オビ、ホソの各ワラジが日本に帰化し強い勢力を持っているわけですが、これらの種は日本以外のさまざまな国で見られることから"世界共通種"といわれることがあります。日本で見られる世界共通種はまだこの6種に限定的ですが、まだ日本に侵入していないだけでほかの国では強い勢力を持つ世界共通種のダンゴムシやワラジムシはいくつもいます。もしかしたら第7種目、8種目の世界共通種がいつか日本でまた見つかるかもしれません。いや、すでに侵入してどこかでじわじわと分布を拡大している可能性だってあるのです。

島を食う？
コツブムシ *Sphaeromatidae*
伊豆半島産

大きさ
10mm 前後の種が多いが
15mm ほどのもいる

分布
主に日本中の海浜
一部河川等の淡水域

すばしっこさ
-OD　　OD　　　　　　　　　　　　　　　　　　F

いる場所　　生息地での量 　　丸まりやすさ

体色にそっくりな色の海藻にも
ぐっていた（伊豆半島）

近くで見つけた別種
（プチウミセミ？）

イワホリコツブムシ近似種

穴ぼこだらけの凝灰石（神奈川県）

　純淡水に生息する種も少なくないが、基本的に海に生息するまんまるになる生物。
　ダンゴムシとは同じ等脚目なので広い意味では仲間といえるが、コツブムシで独立した亜目を持つので、ダンゴムシとはいいづらい。しかし、高い精度でまるまる能力を持っているし、ビジュアル的にもかなり近いので、この際、ダンゴムシの仲間といいきってしまおう。
　基本的に水中で生活するがその様式は種類によって異なる。写真のチビウミセミのように海藻の森に住むものもいれば、流木に自ら掘り進んだ穴の中で生活するもの、海中を自由生活するものなどさまざま。中でもナナツバコツブムシという種は、凝灰石という岩石をも掘る能力を有し、同地質でできた島の浸食を加速化させてしまうため"島を食う虫"という悪名もある。実際にコツブムシの影響で消滅しかけている広島のホボロ島はあまりにも有名。そんな悪名とは裏腹に基本はダンゴムシと同じ無害生物なので機会があったら愛でてみてほしい。

飼ってみて

　行き当たりばったり衝動飼いはできないので、飼育環境を整えておこう。最低でも海水魚が飼育できる設備は必要なので、もともと海水魚を飼っている人は有利。そして、捕まえてから生かして持って帰ることが大変。エアーポンプ付きバケツなどを用意しそれなりの気概で採集に行かないと失敗する。あと、フナムシなどと同じように、生きて持ってきても道中の温度上昇などによっては、ポツポツと星になっていき結局立ち上がらない。なので真夏の採集よりは涼しい秋や春の方が失敗が少なくなる。以上のことだけできればあとは大丈夫。滅多に姿も見られないし、何を食べているかわからないが何となく生き続ける。

ミニチュアアロマノカリス
ヘラムシ *Idoteidae*
神奈川県産

生息地の様子

伊豆半島産

　ダンゴともワラジとも関連がなさそうな容姿をしているが、ちゃんとワラジムシ目（等脚目）の一員で、ヘラムシ科のみでヘラムシ亜目を構成している。
　見た目から想像できるが、まるまることはできずダンゴ的要素はゼロ。しかし愛嬌というか、なぜか憎めないのはダンゴムシと同じく無害感が体からにじみ出ているからなのだろう。
　写真の種はオヒラキヘラムシで海浜のタイドプールに生える藻類に擬態して生活をしている。そのため生息地ごとに海藻と似た色をしている。見た目は遅そうだが強い推進力でピューっと短距離ならかなりのスピードで泳ぐ。

飼ってみて
　捕まえ方は磯場の海藻をどさっと採って、バケツの中などでよく洗い海藻とヘラムシを隔離させるという方法で採集できるが、それをそのまま持ち帰ったり、その流れで飼育するのは難しく、コツブムシ級の覚悟と気概は最低限必要。そのほか、すべてにおいてはコツブムシと同じことがいえるが、ある程度の大きさもあって、飼育中もよく目につくので飼っていてかなり楽しい。

大きさ
20mm前後の種が多いが35mmを超えるのもいる

分布
日本中の海浜

いる場所

生息地での量

丸まりやすさ

すばしっこさ
-OD　　OD　　　　　　　　　　　　　　　F

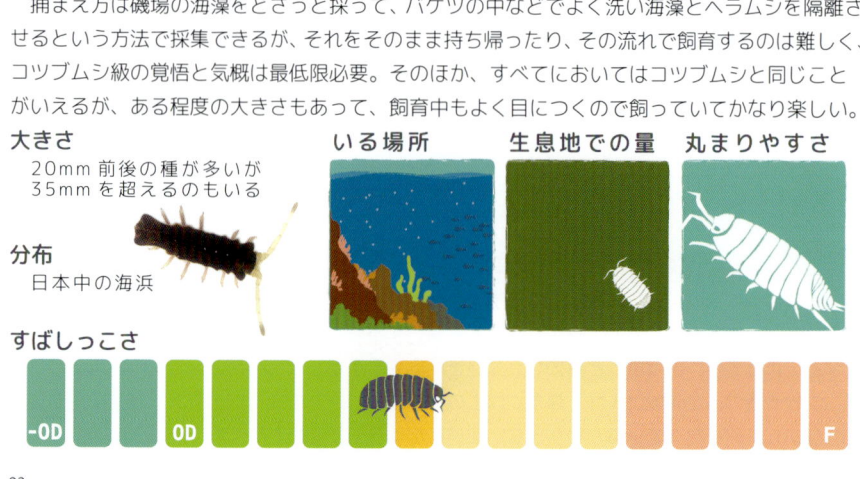

水槽に湧いちゃうから…
ミズムシ *Asellus hilgendorfi*
山形県産

メスをかかえるオス。このような繁殖形態のため、オスは大柄で脚が長く、外見的性差がしっかり表れる。

メス

オス

　ミズムシ亜目を構成するがワラジムシとはそこそこ近縁で、まさに水中のワラジムシといったところ。熱帯魚屋から買った水草などを介して、熱帯魚水槽でいつの間に湧いてしまうことがある。人はいきなり湧くものにかなり強い嫌悪感を示すもので、こういったケースでは相当気持悪がられ、完全な駆除対象にされる。しかし、見た目に気持ち悪いと感じる人が多いだけで、人畜無害なのはほかのワラジムシと同様。水槽で湧いてしまっても"なにかの縁"と割り切って、そっとしておいてあげてほしい。いつか可愛くみえるようになるかも。

　富栄養な水域（一般に汚れた水）で多くの個体が見られることもあるので、汚い所が好きというレッテルをはられることもあるが、清流にも生息するしどこにでもいるだけである。

飼ってみて
　いつのまにか湧くくらいだからとても丈夫。なんでもいいから水生生物を飼育できる設備があればとりあえずは飼える。死んだ魚なども食べるが基本的に腐葉食で水底の落ち葉などを好んで食べ、生きた魚や水草には害を及ぼさない。しかし、好条件下では恐ろしいほどの数に殖えるので度がすぎると気持ち悪いかも？

大きさ
10mm前後の個体が多いが♂は15mmほどになるものもいる

分布
日本中のさまざまな淡水中

いる場所

生息地での量

丸まりやすさ

すばしっこさ

-0D　　0D　　　　　　　　　　　　　　　　　　　　　　F

日本最大の等脚類
オオグソクムシ *Bathynomus doederleini*
駿河湾産

大きさ	いる場所	生息地での量	丸まりやすさ

大きさ
15cm前後 まれに15cmを軽く超える個体も採れる

分布
日本中部以南の深い海の底

すばしっこさ
-OD　　OD　　　　　　　　　　　　　　　　　　F

ヤリイカを食べる 　　　　　　　　スルメイカを食べる

ホタルイカを食べる 　　　　　　　ソデイカを食べる

　海の巨大ダンゴムシ的な触れこみで最近では水族館で飼育されることが多くなった。確かに広い意味ではダンゴムシの仲間。ダンゴムシと同じワラジムシ目の一員だが、亜目レベルでクラスが異なるので、食肉目でいうとネコとイヌの関係（距離感）みたいなもの。
　水深 150m〜600m に生息しているらしい。弱った魚などをガシガシ食べるため、漁網や籠に入った魚をダメにしてしまうことがあり、特定の漁師にはとても嫌われている。漁網におびただしい数の本種が入っているのを見たことがあるが、それを見る限りでは生息地（海底）でも個体密度は低くないのだと思う。捕まえると、まるまる努力はするがダンゴムシのように球にはなれない。

🦔 飼ってみて

　基本的に海水魚を飼育する設備が必要。また低温を維持する必要があるので、水槽用のクーラーも必須。いろいろといわれているが、高温にだけ注意すればとにかく丈夫。10〜18 度で段階的に飼育してみたが、18 度の高温でもまったく問題なし。でも 20 度越えで長期の飼育は直感的に危険だと思う。12 度くらいが一番調子がよさそう。
　飼育に関する注意事項で明るさに関して見聞きすることがある。深海に生息するので明かりに弱く暗くしないと死ぬというものである。しかし、家庭の事情で庭で飼育していたことがあるが、その間も餌もよく食べとても元気にすごしていたので、明るさについてはまったく気にしなくてよいと思う。
　漁師に嫌われるだけあって食欲がすごい。魚やイカの切り身など、ものの数十秒でキレイに平らげる。"雑食で海の掃除屋"という記述もあり、水中の有機物なら何でも食べるともいわれているが、飼育下で良質な餌を与えている状況下ではそうともいいきれない。試しにいろいろ与えてみたが、オカダンゴムシの好物、落ち葉、ナス、ニンジンには見向きもしない。ワカメ、コンブなどの海藻にも多少興味を示すが、ほとんど食べない。砂肝、ハツ、チーズ、コイの餌はよく食べた。魚介類なら食べないものはないと思う。

人気者から嫌われ者まで
ダンゴムシの親戚たち

●ダイオウグソクムシ *Bathynomus giganteus*

近年の水族界でのキモカワイイ生物代表。40cmを超える本種は世界最大のダンゴムシとはやし立てられ日本国内の水族館に分布を拡大中だが、本来の生息地はメキシコ湾や西大西洋の海底の砂泥地に見られるそうだ。基本的に大陸棚より外側の太陽の光がほとんど届かない200m以深に生息しているので明るいのは苦手といわれている。水族館等で妙にムーディーな照明で飼育されているのはそのため。

●メナガグソクムシ *Aega antillensis*

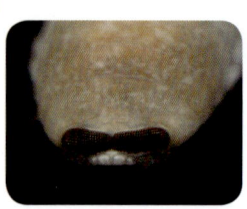

アンコウに寄生中
photo: 湘南海水魚

　左右の複眼がほぼつながっていてかなり独特な顔つきになっている。和名も目長具足虫であり、この独特な目にちなむ。

　本種はオオグソク、ダイオウグソクとは近縁ではあるものの科が異なり、寄生生活をするグソクムシである。ヒラメ、アンコウ、カスザメ、そのほかある程度の大きさになる底魚に寄生するようだが、常に寄生生活をするのではなく宿主に寄生しながら吸血し満腹状態になると離脱するそう。もしかしたら近縁のウミクワガタのように寄生（吸血）、離脱、脱皮、寄生（吸血）といったサイクルを繰り返す生活様式なのかもしれない。3〜5cmほどの個体が多く見つかっているようだが、10cmくらいになる個体もいる。

●ウオノエ *Cymothoidae*

カイワリノエ（夫婦）　　　アカムツノエ（夫婦）　　　フグノエ

　ウオノエの仲間は魚類の口内に寄生する海産等脚類。釣った魚の口の中にウオノエが詰まっていることがしばしばあり釣り人をギョッとさせる。
　さまざまな魚の口内から見つかっているが、宿主によって寄生するウオノエは種が異なるのが普通で、タイに寄生するのはタイノエ、フグに寄生するのはフグノエといった具合にそれぞれは宿主の名を冠す。
　特に有名なのがマダイに寄生する"タイノエ"で、古来より、すべてをそろえると「物に不自由なくまた福禄を得る」と言い伝えられている"鯛之九ッ道具"の最後の1アイテムに数えられており、これを"鯛之福玉"と呼び大変に珍重されている。まさにドラゴンボール級の価値があるタイノエだが、本書で紹介しているそのほかのウオノエは"気持ち悪い＋商品価値が下がる"という理由で魚屋には嫌われている。
　特にアカムツにつくアカムツノエは非常に寄生率が高いのだが、スーパーの生鮮魚売り場などでは陳列させる前に目立ったものは除去しているそうで一般的にはなかなか見かけない。

●ヤドリムシ *Epicaridea*

サッパヤドリムシ　photo:Minako toyoda

　ウオノエと同様に釣り人をギョッとさせることがあるが、地域によっては寄生率が非常に高く普段からサビキ釣りをしている人にとっては、サッパにコイツがセットなのは当たり前といった感じになっている。むしろ寄生されていないと残念がられることもあるとかないとか…
　ちなみに、沖縄など南西諸島のサッパにはヤドリムシがついていないそうだ。このほか、ヤドリムシの近縁種にはウオノコバンやエラヌシ、ウオノギンカなど、ちょっと洒落た名称の寄生等脚類がいくつもいる。

まるまる仲間たち

●タマヤスデ *Hyleoglomeris sp*

久米島産、10mm ほどになり本州産よりやや大型でカラフル

実物大

沖縄本島産、ニホンタマヤスデに似た別種

神奈川県産、ニホンタマヤスデカラーバリエーションに富む

　動きも性質も大きさも見た目はほとんどダンゴムシ。ダンゴムシの脚が7対でタマヤスデの脚は17対あるから簡単に見分けられると書いてある本もあるけれど、ダンゴムシもタマワラジもすぐにまるまってしまうから数えづらいし、こんな小さい生き物の脚の数なんてそもそも肉眼じゃよくわからないし、そんな簡単な話ではないと思う。見分ける見分けない以前にもタマヤスデは一般的に人目に触れない生き物なので、そこらへんにいる1cmくらいのまるまる生き物はすべてダンゴムシと思っていればほぼ間違いない。
　タマヤスデの仲間は日本に10種が知られ、本州に生息するニホンタマヤスデは夏の夜に森林内の立ち枯れした広葉樹や、コケが生えた樹幹などをはっているのをよく見かける。

●ネッタイタマヤスデ *Sphaerotherida*

実物大

マレー産のホウセキタマヤスデといわれている種

　タマヤスデと同様に球状にまるまれるヤスデだが、こちらは巨大なグループでピンポン球サイズの種もいる。どれも見た目のインパクトがすごく"巨大ダンゴムシ"というキャッチでペットとして販売、飼育されることがあるが、長期飼育は難しい。餌は落ち葉が主体となるが、その樹木の種と枯れ具合の案配が難しく"よく食べる餌"を見つけ出すのが大変。また水をよく飲むのだが、ダンゴムシ飼育においては水入れから水を飲ませるという概念がないので、ダンゴムシを飼育する感覚だと失敗する。
　なお、"ネッタイタマヤスデ"と"タマヤスデ"は別物であり目単位でグループが異なる。

●イレコダニ *Oribotritiidae*

実物大

　蓋のついたつぼのような形状で、平行進化の好例としてよく取り上げられるダンゴムシやアルマジロよりもさらに完璧に近い防御ができる。
　森に棲み、落ち葉などの腐葉物を食べる土壌分解者で生態はダンゴムシとよく似ている。イレコダニの仲間は日本全土に生息しておりいずれの種もまるくなれる。

●マンマルコガネ *Madrasostes sp*

マレーシア産
photo:Taku Shimada

実物大

●沖縄産 ツブエンマムシの一種

実物大

1〜2mmの非常に小さな甲虫。小ささゆえ目立たないが、マンマルコガネのように首や脚を折りたたみコンパクトにまるまって防御する。

　ダンゴムシというよりはロボ。別に似ているわけではないがラピュタから射出されるあのロボを彷彿とさせる何かがこいつにはある。もしくはアッガイがまるまっている状態にも似ているような…いずれにしてもロボなこいつは妙に男心をくすぐる。
　ところでこのマンマルコガネ。日本では九州以南に生息しており、シロアリと密接な関係にあるそうでシロアリの巣からよく見かけるとか。サイズは大変小さく5mmくらい。当然だがまるまるとさらに小さく3mmほど。
　このように、とても小さく棲む所も特殊といえる昆虫なので、日常生活を送っている限り絶対に見かけることのない生き物といえる。

●ヒメマルゴキブリ *Trichoblatta pygmaea*

沖縄県産

実物大

　見た目だけはほぼダンゴムシ。でも、触角の動きや仕草をはじめ、走り出したら意外と早い様はやはりゴキブリだと再認識させられる。
　九州の佐多岬から南西諸島全域に分布するが、生息環境は森林内に限られひっそりと静かに生活をしている。
　それと、まるくなれるのはメスだけといわれているがこれはウソ。まるくなれないのは雄の成虫だけ。なので、幼虫なら雄もまるくなる。雄は完全に交尾のためだけの羽化のようで交尾直後に死滅する。そのため成熟した雄には防御の必要がなく、メスをめとるためだけの機動性を求めたといえる。

まるまる仲間たち

●ハリネズミ *Atelerix albiventris*

　ピグミーヘッジホッグとも呼ばれ、ペットとして飼育している人もいる。ネズミの仲間ではなく、むしろモグラ近い仲間。でも属性はダンゴムシ＋いが栗。

　意外にもまるまり力は優れており、ほぼ完全に隙間なくまるくなれる。ご存知のとおり毛が針状に変化しているので、まるまるとほとんどいが栗。

　ハリネズミの仲間はユーラシア大陸、アフリカ大陸に15種以上が知られる。私自身6種しか見たことがないが皆キレイにまるくなれたことからほかの種もおそらくまるくなれるのだと思う。ちなみに、ハリネズミの英名であるヘッジホッグ（hedgehog）は民家の生け垣をうろつくブタという意味からの呼び名。鼻がブタに似ているからということだが、威嚇時の鳴き声もブタのよう。

　日本にはアムールハリネズミが帰化し神奈川県の一部を中心に生息している。

●ミツオビアルマジロ *Tolypeutes sp*

　アルマジロという名の由来はスペイン語の"アーマード"（武装した）にちなむが、まさに名のとおりの鉄壁を誇る。詳しくは60頁へ。

●ミミセンザンコウ *Manis pentadactyla*

© 立松光好／Nature Production

　新大陸のまるまるほ乳類がアルマジロなら、旧世界のまるまるほ乳類はセンザンコウ。この両者は似た雰囲気があるにもかかわらず、分類的にはまったく異なる系統である。そのため収れん進化の例えにも使われることのある両者であるが、やはり他人のそら似であり各々の防御コンセプトはかなり異なる。

　センザンコウはまるまった時隙間だらけでアルマジロほど鉄壁防御ではないが、体を覆う鱗はかなり硬く、そしてナイフのように鋭いので、種類によっては積極的に外敵撃退用の武器として使用する。その点でも防御一点張りのアルマジロとは違う。写真の種はミミセンザンコウで中国を含む東南アジアに広く分布しているが、センザンコウの仲間全体ではインドネシア、インドを経てアフリカ大陸まで8種が知られる。

　あと半分都市伝説的な話で「センザンコウの鱗の隙間はダニがびっしり寄生している」という話があり、ちょっと生き物に詳しい人がセンザンコウの説明をするときにドヤ顔で挟む小ネタのひとつだが、これを言う人は実際に野生のセンザンコウを見たことがないと思って間違いない。センザンコウがダニだるまなんてのはとんだ濡れ衣で、気になるほどのダニなんてついていない。

●ハリモグラ *Tachyglossus aculeatus*

　たった5種から構成されるカモノハシ目の一種。カモノハシと同じくほ乳類でありながら産卵し母乳で子育てをする。なのでモグラとはなんの関係もない。しかしハリネズミとはよく似た性質をしており、まるくなる精度もかなり高い。なによりハリネズミと違い卵を産む点を考慮すると、ほ乳類というよりはむしろダンゴムシに近いような気さえする。

　余談だが、ハリモグラ科はハリモグラ属とミユビハリモグラ属の二属から構成されており、どちらも珍しすぎて馴染みが薄いと思う。ともするとどちらも似たような生き物とイメージしがちだが、現物を見たイメージはまったく異なる。いわゆるハリモグラは3キロ前後の個体がほとんどなので見た目の印象としてはドッジボールに手足が生えた感じだが、ミユビハリモグラは10キロを超えることがあり体長も1m近くになるので、着ぐるみに人の子が入って歩いているような異様さがある。

Column No.3
青いダンゴムシ

オカダンゴムシ

セグロコシビロダンゴムシ

ヤンバルコシビロダンゴムシ

ホソワラジムシ

タマワラジムシ

トゲモリワラジムシ

photo:Taku Shimada

今回本書の制作にあたり、青いダンゴムシが欲しいという旨を仲間に伝えると「青いダンゴムシは病気だから飼えないよ」とか「アレは病気でほかの個体に移るからやめたほうがいいよ」といった返答がありました。テレビ番組などで紹介されたこともあってか、一躍有名になった感もある青いダンゴムシ。その素性も認知されてきているようです。

　そう、すでに知ってる人には今さらな情報ですが、この青いダンゴムシはイリドウィルス科の病原体に感染してしまった病気の個体なのです。なので精通している人は習慣的にイリドダンゴなんて呼ぶ場合もあります。あたかもイリドウィルスはダンゴムシなどの等脚目に感染するウィルスというイメージを持つ人もいるようですが、このウィルスの仲間は水産業者や熱帯魚関係の人に広く知られており、これら業種の人なら聞いたことがあるリンホシスチスもイリドウィルス科の病原体が引き起こす病気なのです。

　さて、このウィルスの感染力について、ウィルス感染した個体の体の一部や糞を他個体や別種の等脚類に食べさせたり、狭い空間内で同居させるなど、いくつかのパターンで実験してみましたが、私の行った限りではウィルスそのものを接種したであろう個体でも感染率は1％にも満ちませんでした。もしかしたら特定の遺伝形質を持つ個体にしか感染しないという特性があるのかもしれません。いずれにしても感染力が弱いという認識で間違いはなさそうですが、感染範囲は多岐に渡りさまざまな種のワラジムシやダンゴムシから青い個体が見つかっています。ワラジムシ目以外でもトビムシやヤスデからも見つかることがあるそうです。

　このウィルスに感染し発病すると進行にともない、どんどん青くなり、青い個体ほど病気が進行していると考えてよいのだと思います。そして病気が進行すると最終的には死に至るダンゴムシ類にとっては不治の病なのです。発病してからの残りの寿命についてはいろいろな意見がありますが基本的に長生きはできず、目に見て青味が濃くなってきた個体はそこからは1〜2ヶ月以内に死んでしまうのが常です。

　このイリドウィルスですが人やペットに染ることはありません。すでにダンゴムシを飼育している場合でも一緒の容器で飼育をするなど密に接触させなければ感染することはまずないといえるので、もし野外で青いダンゴムシを見つけても、病気だからと忌み嫌わないでください。長生きさせるのは困難かもしれませんが連れて帰って飼育したっていいじゃないですか。青い鳥、青い蝶、青い魚…青い生き物はなぜか人を幸福な気持ちにさせてくれます。ダンゴムシだって青けりゃ幸せを呼びますよ。きっと。

このように密集していても感染するのはごく少数

進行の度合いによって青色の強さが違う

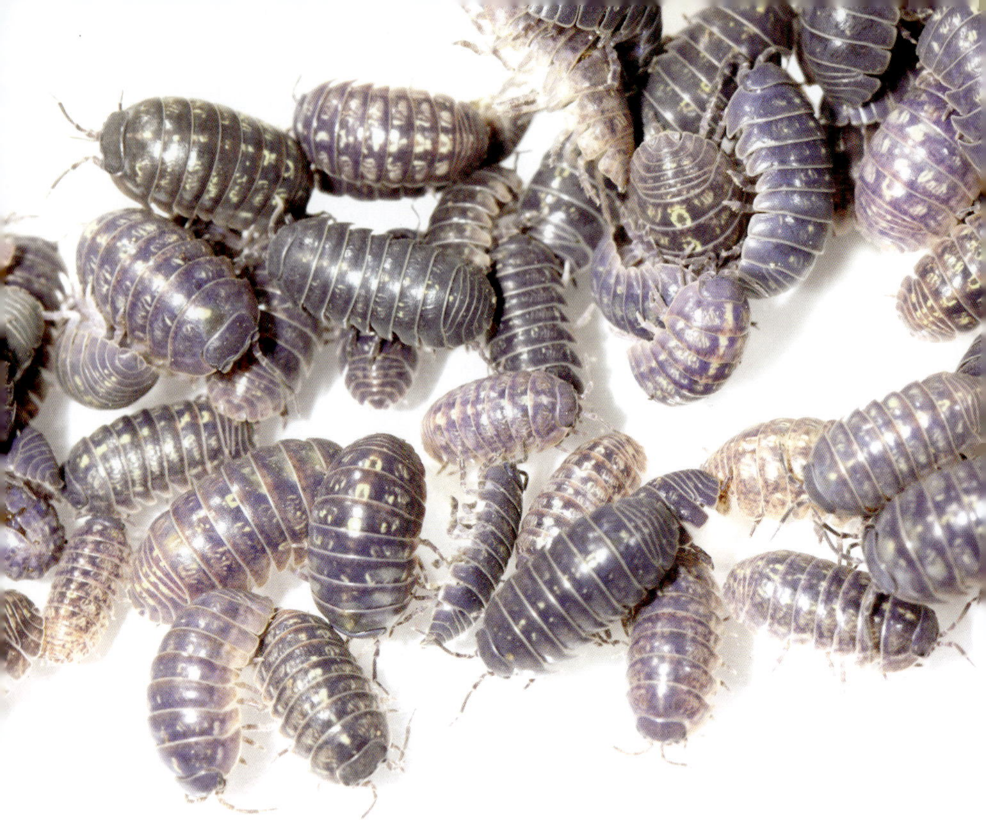
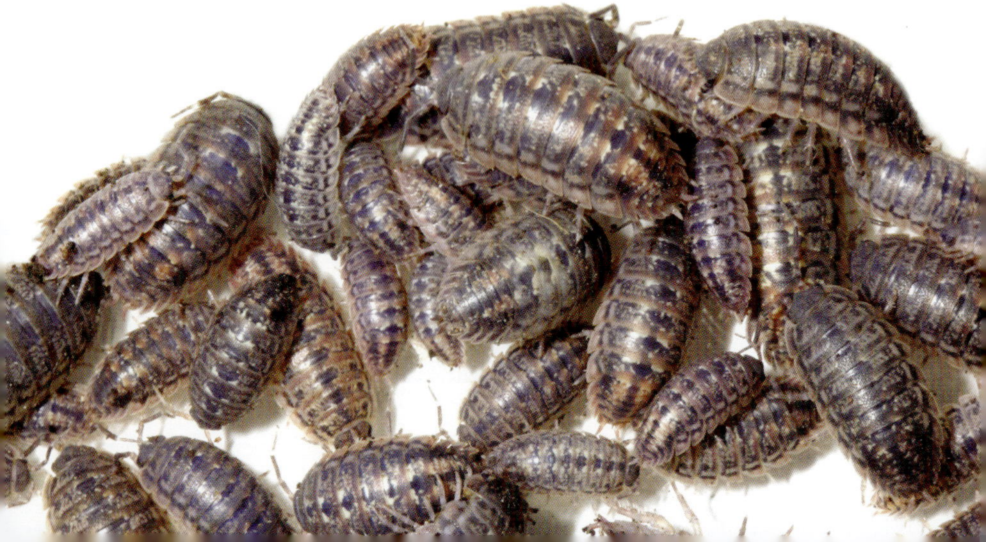

ダンゴムシを愛でる

飼育に必要なもの

ダンゴムシの飼育にあたって特別なものはひとつもありません。昆虫用に作られたもの以外でも代用できるものはたくさんあるので、下記のグッズを参考に使いやすいものを選びましょう。

プラケース
クワガタ飼育用に市販されているものが乾燥しづらく使いやすい。

ブローボトル
同じくクワガタ飼育用のボトル。穴あけ加工が必要だが使いやすい。

おそうざいカップ
手に入れやすく数匹ずつ色々な種類を飼育するのに適している。また、採集時に携帯しても便利。

タッパーウェアなど
100均などで手に入る。よく探すと飼育に適したものも少なくない。

腐葉土
基本床材。広葉樹で作られたものを選ぶとよい。

ヤシ殻
腐りにくい床材。腐葉土などとブレンドし、よりよい飼育環境を作るのに使う。

コルクやアベマキクヌギ
隠れ家や床材にかぶせることで湿度維持にも便利。普通の木の皮と違い、腐りにくいので使いやすい。

落ち葉や木の皮
隠れ家や非常食にもなる。近所で拾ってきてもいいが、市販のものならより安心。

スプレー
毎日のミスティングに必須。

あると便利なもの

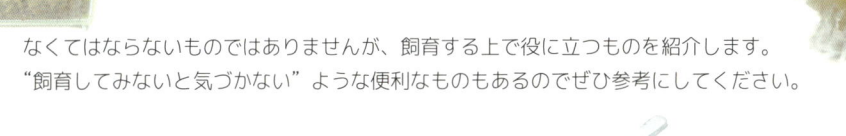

なくてはならないものではありませんが、飼育する上で役に立つものを紹介します。
"飼育してみないと気づかない"ような便利なものもあるのでぜひ参考にしてください。

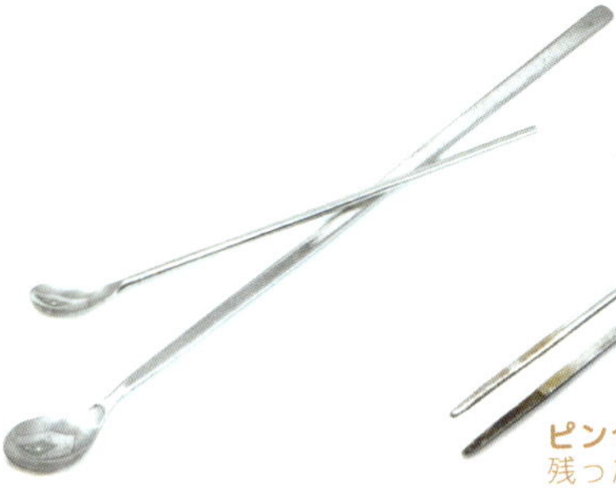

マドラースプーンや虫スプーン
餌やりや床材掘り、ゴミ処理に便利。

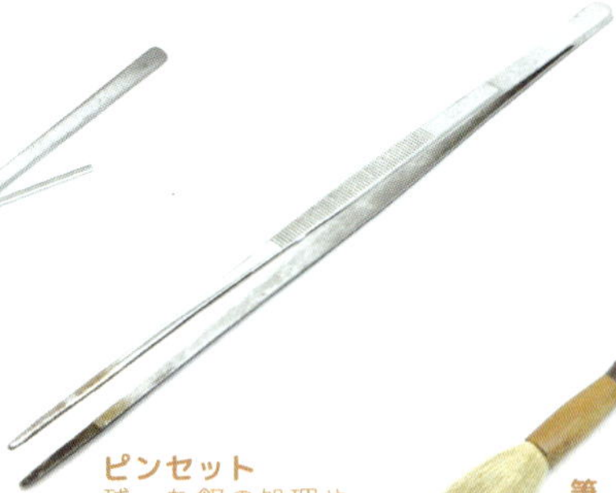

ピンセット
残った餌の処理や、餌やりに便利。

筆
ほうきの要領で小さなダンゴムシなどを集めたり移動したりするのに便利。

ルーペ
小さな種類が多いので、種類識別や雌雄判別にひとつは持っておきたい。

プレートヒーター
暖かい地域に生息する種類を飼育する場合は持っていて損はない。

小さな餌皿
普段と違う餌やカルシウム剤などを与える際に使えば、食べた量もわかるし床材が汚れない。

コバエ防止シート
一般的なプラケースで飼育する場合でも湿度維持がしやすくなる。

ダンゴムシ飼育の基本
ここではダンゴムシの飼育方法を紹介します

蒸れすぎず、乾きすぎずを維持できれば
プラケース以外でも代用できるものは多い。

腐葉土だけよりは、ヤシ殻マットを混ぜた方が扱いやすく、ダンゴムシの調子もよい。飼育する種類によって比率を調整できればなおよいが、だいたい一対一くらいがよさげ。

床材の上に敷く落ち葉は餌にもなり、隠れ家にもなる。食べられたり、分解が進んだりして少しずつ減っていくので定期的に補充する。

餌用のカルシウム剤は直接床材にまくよりは餌皿に入れた方が確認できるし、汚れない。

飼育の基本となるのは、床材と容量と通気の3つです。

床材

　ダンゴムシは何かの下に潜る性質がありますが、乾燥と光を避けてのことです。またある程度の通気も求めますが、砂や土のような床材だと目が詰まってしまい通気が悪くなります。そこで、腐葉土とヤシ殻を混ぜたものを使うのがおすすめです。腐葉土だけでも最初は問題ありませんが、ダンゴムシ自身が腐葉土を食べたり微生物の作用により、どんどん土に戻ってしまうので、腐りにくいヤシ殻を混ぜることで床材内の通気と活動面積の維持ができます。表層には落ち葉を敷き詰めることで乾燥を防ぎ、ケース内の環境を安定させやすくなり、さらに活動面積も増やせ餌にもなるので、必ず常時入れておきたいです。

　腐葉土はいろいろなメーカーから販売されており、広葉樹で作ったものであればどこのものでもかまいませんが、なるべく発酵の進んでいない落ち葉の形状を保ったものが使いやすいです。また、無害ではありますがキノコバエの発生源になることがあるので、可能であれば使用前にレンジでチンするか、冷凍するとだいぶおさえられます。

容量

　上記で説明したとおり、表層が落ち葉であり腐葉土とヤシ殻が混ざって活動面積が保てている床材であれば1リットルあたりにつきオカダンゴなら30匹くらい余裕です。少し過密な見た目になりますが、50匹くらいでも問題なく飼えます。こういった数字で表現すると話が難しくなってしまいますが、常識的に見て過密すぎなければだいたい適正な容量だと思います。

　例えばプラケースで飼育する場合、通称"プラケース小"といわれている幅20cm奥行13cm高さ15cmくらいのものなら1〜2リットルの床材が適正量となるので、30〜100匹くらいのダンゴムシが飼育できます。

通気

　ダンゴムシは乾きすぎも湿りすぎも嫌います。例えばプラスチックケースやタッパーなどでダンゴムシが逃げないほどの高さであれば、フタ無しの状態で縁の下や下駄箱の中など空気の流れが少ない所に置き、床材に適度な湿度を持たせればそれでも飼えます。が、フタがないと1日で床材はカラカラになってしまうので毎日の湿度管理が必要となりますし、なによりペットの飼育なのに、下駄箱など見えない所で飼っても面白くないはずです。そこで飼育ケースにフタをすることで湿度を維持しますが、通気孔が少なすぎで蒸れてしまうとたちまち調子を崩します。

　やはり、使いやすいのは子バエが侵入しづらい作りのクワガタ用の飼育ケースで、通気孔が多すぎず少なすぎずなのでダンゴムシに適した湿度を保ちやすくなっています。なお、適した湿度というのは、床材がしっとり湿っているけれどプラケースの内壁に水滴がつかない程度。

　以上3つのポイントを押さえれば、ちょっとした応用でほぼすべてのダンゴムシの飼育が可能です。しかし飼うにあたって最も大切なのは"ダンゴムシの顔色"をいかにうかがえるかだと思います。当然、ダンゴムシには人間のように調子が悪い顔、元気な顔ができるわけではないのですが、長く飼っていればダンゴムシの様子を見るだけで「あ、湿度が足りないな」とか「暑すぎるのかな？」となんとなくですが、彼らの顔色がわかるようになります。これは飼育をしているうちに培うものですので、まずは、今の飼育環境がダンゴムシにとって適しているのか？湿度は高すぎないか？と意識して飼育することが何より大事だと考えています。

樹上性ダンゴムシの飼い方
野生では樹幹や樹洞などで見られる種の飼育法です

ケース内は空気が多少でも流れる方が調子がよいので、やや通気性を重視して選ぶとよい。

床材は『密』な状態にすると樹上性種の多くはあまり潜らなくなるので、腐葉土1に対してヤシ柄2くらいの割合がよいと思う。

コルクや樹の皮は隠れ家にもなり主な生活空間になるので、なるべくどっさり入れたい。

水ゴケの周辺は湿度が高くなるので、ほとんどの個体がこの周辺に集まっているようなら、ケース内全体の湿度が低いという目安になるので設置すると便利。

この方法で飼える例
- ネッタイコシビロダンゴムシの仲間全般
- ハナダカダンゴムシにも悪くないです
- 西表島産樹上性ワラジムシ
- サトヤマハヤシワラジムシ

　オカダンゴムシのように地表で生活する一般的な種より多湿を嫌う傾向があります。空気が淀み蒸れるためか？床材の中にもあまり潜りません。そのため飼育セットはダンゴムシの基本飼育法をベースに樹皮やコルク、朽ち木などを多めに入れたスカスカな感じにします。
　多湿を嫌うと書きましたが乾燥をさせる必要はなく、床材は一般的なダンゴムシを飼育する場合と同等に湿らせて問題ありません。ただ、種類によっては適正湿度に"うるさい"感があるので、例えばケース内の一角に十分に湿らせたミズゴケを入れた小さめタッパーウェアーなどを設置するとよいです。これにより狭いケージ内でも場所による湿度の差ができるので、ダンゴムシ自身が好みの湿度の場所を選べます。

ハマダンゴムシの飼い方
一般的なダンゴムシの飼育法とは大きく異なります

飼育ケース内があまり多湿だと調子を崩しやすい。こまめに床材の水分をチェックできるなら、一般的なプラケースなどの方が調子よく飼育できる。

自分で採集した個体を飼うなら、採集した場所の砂で飼うのが一番よい。少し厚めに敷くと底の方ほど湿り気が強くなるので、ダンゴムシ自身が好みの湿り気の所を選べる。

床材が痛むので野菜以外の餌は皿に入れるとよい。

床材の乾き具合がわかりづらいので、十分に湿らせた水ゴケを設置すると安心。ケース内全体の急激な乾燥を抑えられる。

この方法で飼える例
- ハマダンゴムシ
- リュウキュウタマワラジ
- タマワラジ

　基本的に床材は砂になりますがあまり目が細かいものはやめたほうがよさそうです。もし自分で捕まえた個体を飼育するのであれば、個体を捕獲した場所の砂も一緒に持ち帰るとよいです。砂での飼育だと衛生状態が保ちづらいので、容量に対しては少なめの匹数で飼育し定期的に砂の交換、または洗浄をしましょう。

　ただし一度に全部の砂を交換すると急激な環境の変化で調子を崩すので半分程度ずつにすると安心です。また、砂だと湿度が非常にわかりづらく十分に湿っていると思っても実は乾いていて失敗することもあるので、予防策として1ヶ所に十分に湿らせたミズゴケを置くとよいでしょう。

　海浜性の種は体内塩分濃度が高いことが知られていますが、飼育下で塩分を与える必要があるかはわかりません。実際に塩分を与えずに長期飼育している例もありますが、無理に塩分を絶たせる必要もないので、床材の衛生状態が保てる程度に塩分の濃い餌（刺身やイカの切り身、海藻など）を与えてもよいでしょう。

ダンゴムシの食事

朴葉
とにかくみんな大好き。最強クラスの人気落ち葉。秋に落葉するので大量に確保しておきたい。

枇杷の葉
食いもよく優秀な落ち葉。ただし新鮮すぎると食いは悪い。

柿の葉
枇杷の葉同様大変優秀だが程よく朽ちているものを選ぶ。

ニンジン
ほとんどの種に人気の野菜。比較的日持ちもよいので、メイン野菜のひとつに。

ナス
ダンゴ、ワラジ以外でもさまざまな生き物に好まれる魅惑の野菜。思いのほか日持ちもするのでニンジンとともにメインに使用できる。

コナラ、クヌギなど広葉樹の落ち葉
雑多な落ち葉は種類により食いムラがでるがそれはそれでよい。
床材としての意味も兼ねて利用する。
新鮮すぎると食いは悪い。

チーズ
みんなの大好物。正直、ダンゴ用に買ってくるのはもったいない気もするので、人間が使用した時のお裾分け程度に。また出産後の労いにも。

キノコ類
栄養面で期待できそう。そのものがもったいなければイシヅキなどでも十分。
やや日持ちが悪いのと、ダンゴ、ワラジの種類によってはあまり好まない。

金魚やコイの餌
よく食べ、とてもよい餌。主食にしたいくらいだが、日持ちせず、床材も痛むのでほどほどに。

カットルボーン
乳酸カルシウムを含む製品と比較すると食いは落ちるが、腐らずケース内に常時入れておくことができるので補助用としては優秀。

マルベリーカルシウム
ペット用サプリメントだが、これ自体も非常によい餌。日持ちも悪くないので、適度に与えたい。

生き物を見ていると、何も考えず目の前の物だけ食べているように見えるかもしれませんが、すべての生き物は本能的に今食べるべきものを知っています。好きなものを好きなように食べたいだけ食べ、肥満や病気など自らの体に悪影響を及ぼす結果を生み出す動物はおそらく人間だけです。ダンゴムシだって、産卵するため、成長するため、今必要な優先すべき餌というのを知っています。しかし飼育下だと与えられたものだけしか食べることができません。そのため、極端な話ですが、何か1種類の餌しか与えていない状態が続くと食べるにも関わらず、どんどん調子が悪くなっていることがあります。さすがに、ダンゴムシが今何を食べたいかなんて人間にはわかる由もありません。だとしても彼らが求めているであろう餌を想像しながら、与えることはとても大事です。

　ダンゴムシの食性は多岐にわたりますが、おおまかには落ち葉等の植物遺体を中心とした雑食性です。熟れて落下した果実や花などの植物も好み、昆虫の死体や小動物の糞、キノコなどを食べます。さらにはごく少量ですがアブラムシのような生きた昆虫も食べることがあります。このように広い食性のダンゴムシですが飼育下では落ち葉と野菜類を主食として与えることになります。ただし、落ち葉は餌として与える前に隠れ家、床材、湿度管理用としてすでにケースに投入されているはずですので、あえて与える餌は野菜類がメインとなります。
　野菜は日持ちし食いもよいナスやニンジンがおすすめです。ニンジンの皮やキャベツの外側の葉など野菜くずも食べますが、日持ちしないのでこれらの餌を与えた際はなるべく早く差し替えるか残さず食べきる分量を与えましょう。このほかにチーズや金魚やコイの餌などもよく好むので定期的に与えたいです。しかしこれらの餌はダニの発生原因となったり床材の衛生状態を保ちづらくするので、小皿に入れるか落ち葉を皿代わりに、なるべく餌が直接床材に触れないようにするとよいでしょう。

　そして、からだづくりに特に必要な栄養素のひとつにカルシウムがありいつでも十分に摂取できるようにしたいです。カルシウムを豊富に含み腐りにくい餌とはかなり限られますが、一般的な食物から摂取させる必要はなくサプリメント用のカルシウム剤をそのまま与えるのも有効です。炭酸カルシウム100％のパウダー状サプリメントにはほぼ関心を示しませんが、乳酸カルシウムを含んだサプリメントはとても食いがよく、定期的に与えていれば子どもの成長も早くなるほど優れた餌です。

　主食となり、隠れ家、床材でもある落ち葉については基本的に広葉樹の落ち葉（茶色く枯れたもの）ならなんでも利用できますが、好みにかなり差が出ます。葉に含まれるカルシウム、カリウム、マグネシウム等の含有バランスが大きく関係しているようですが、落ち葉をドサッと拾ってくれば、何種類もの葉が含まれているでしょうから、あとはダンゴムシが好みに合わせて好きに食べてくれます。好物を挙げるとすると、ホオノキの枯れ葉（ホオバ）、葛の葉の枯れ葉などはかなり人気です。その他、ビワやカキ、クリの葉も十分に枯れればとても喜びます。逆にスダシイやマテバシイ、ツバキなど枯れても葉の表面のロウ質が残るものはあまり好まれません。長く水につけるなどしてロウ質を完全に落とせば食べなくもないですが、別にそこまでする必要もないかと…。

コンクリがお好き？

同日同条件下のブロック塀と木の柵

樹液を食べている　　　　　　　　　カタツムリの卵を食べている

　ダンゴムシを題材とした書籍の多くでトリビア的なネタとして「ダンゴムシがブロック塀に集まっているのはカルシウムを含んだコンクリートを食べるためである」と明記しています。こんなことを書くと怒られそうですが、誰か一人の言出しっぺに習っているだけの完全な都市伝説ですよね。

　確かに、湿度の上がる梅雨時期から夜にダンゴムシが塀に集まっているのを見かけるようになります。真夏でも雨の直後など蒸れた日の夜には同じように多数のダンゴムシが塀にくっついています。しかし、懐中電灯を持って辺りをよく探すと、塀よりもその周辺の花壇や樹木の根元のほうにもっとたくさんのダンゴムシが集まっています。街灯の明かりでもある程度は塀の様子が確認できますが、地面の花壇や植木の周りは街灯の明かりでは薄暗くはっきりと様子がわかりません。これゆえに壁についたダンゴムシだけが視界に入り、あたかも壁にだけ集まっているように映ったのでしょう。

　ダンゴムシの活動条件は湿度が深く関係しています。湿度が低いと夜でも石の下や落ち葉の下に隠れて活動ができません。逆にある程度の湿度があると昼間でも活動することがあります。梅雨時や雨上がりなど空中湿度が高くなると非常に活発になり、地面の近くでなくてもどこでも関係なく活動します。外敵の少なくなる夜間ともなると、交尾相手を探したり餌を探したり、さらに大胆に活動するので塀にいるダンゴムシが目につきやすくなっているのでしょう。

　でも、よく観察していると、実際にコンクリートをかじっているような行動をしていることがあります。そこで何かわかるかもしれないと、空腹状態のダンゴムシを使い100%炭酸カルシウム、ビタミン入り炭酸カルシウム、乳酸カルシウム、ミネラル入複合カルシウム、コンクリート片、塩土、イカの甲を使い、好みの度合いを比較してみました。

　結果、コンクリート片をかじりはしますが、ほぼ摂食はしていないようでコンクリートの糞は確認できませんでした。イカの甲、乳酸カルシウム、複合カルシウムは明らかに摂食し白い糞をしていることもふまえると、コンクリートをかじるのはカルシウム摂取が主な目的ではなく、何かミネラルを補給しているのか、表層のコケや地衣をかじっていただけなのかもしれません。いずれにしても、コンクリをかじるという事実が都市伝説を確固たるものにしてしまったのでしょう。

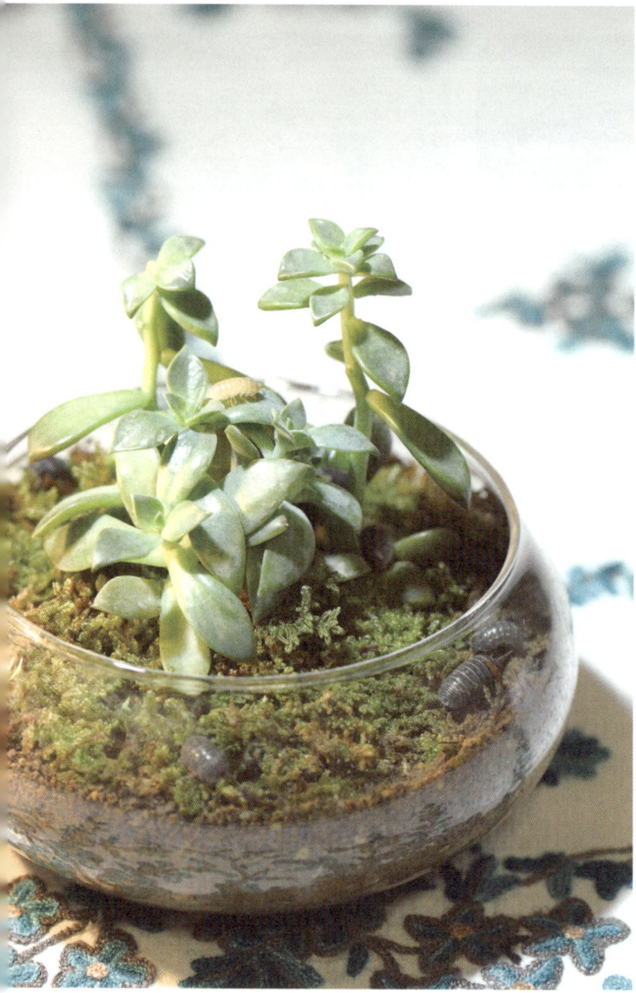

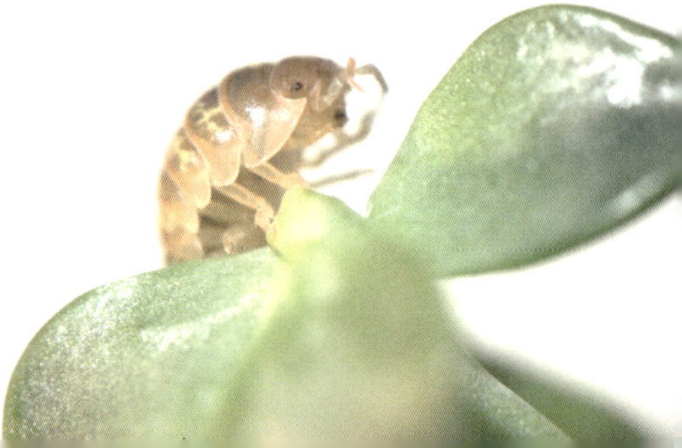

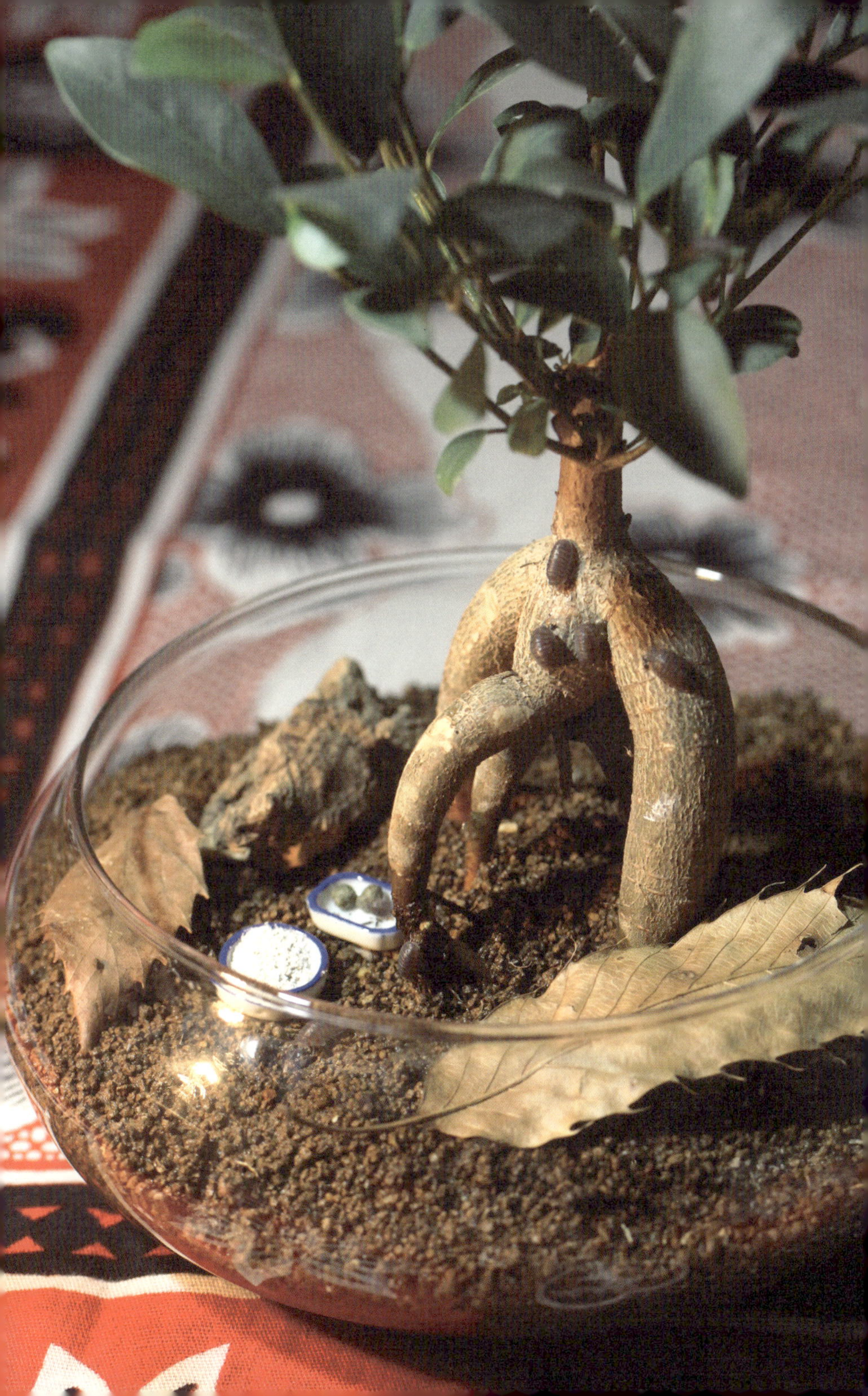

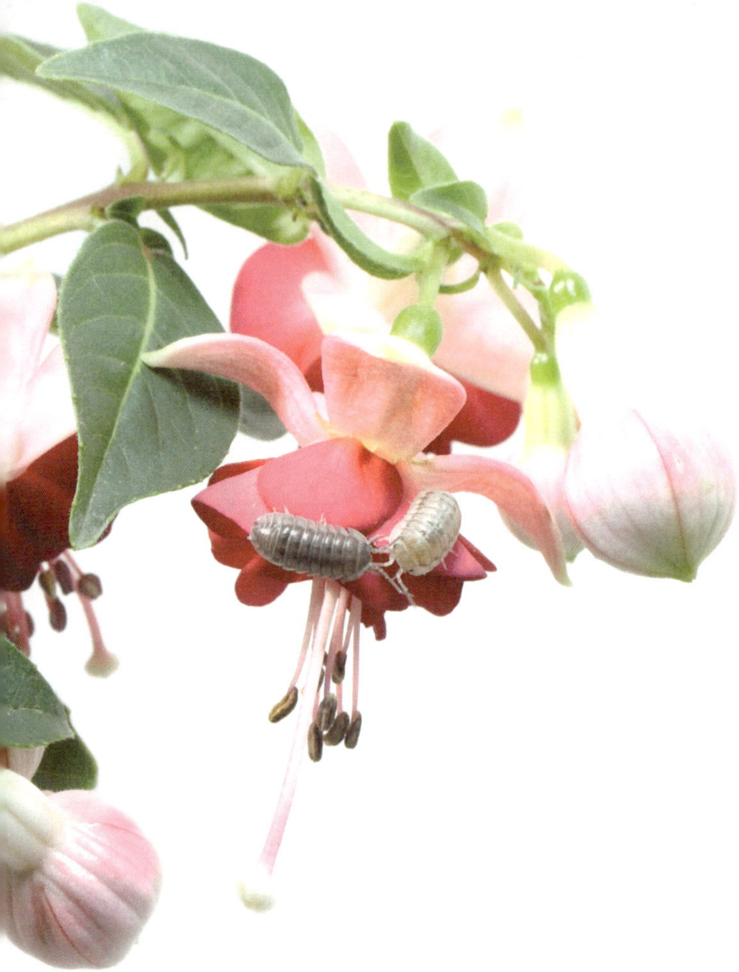

ダンゴムシを探してみよう

必要な道具、採集方法

スコップ
ダンゴムシがいそうな所を掘るのに使う。

熊手、落ち葉かき
いそうな所の落ち葉などをかき分けるのに便利。

スプーンなど
見つけたダンゴムシを捕まえるのに便利。

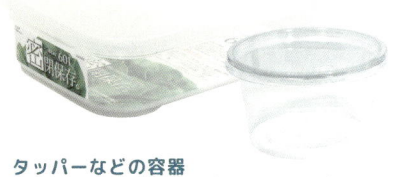

タッパーなどの容器
捕まえたダンゴムシを持ち帰るのに必須。

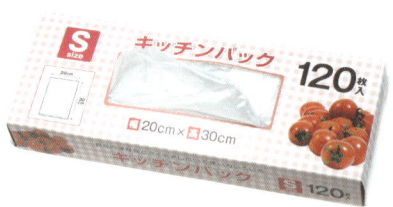

ビニール袋
短時間ならばダンゴムシを持ち帰るのに便利。また、餌になる落ち葉などを入れてもよい。

虫除けスプレー
ダンゴムシを多く見かける時期は蚊も多い。

軍手
石や倒木などの下を探すために。

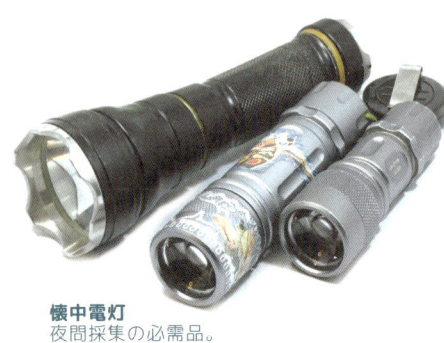

懐中電灯
夜間採集の必需品。

昼　　　　　　　　　　　　　　　　　　　　　　　　　　　　　夜

スコップや熊手で潜んでいそうな場所を掘ってみよう。樹木の根元などにも多い。

雨上がりなど湿度の高い夜は活動している個体数が多くなる。

　ダンゴムシの採集はいつでもどこでも気が向いたときにできます。しかし、季節や時間帯によって探し方が変わってきますので、ここではその基本的なポイントの説明をします。

　まず時期についてですが、冬のダンゴムシは冬眠中なので採集の際は落ち葉の下などで越冬している個体を掘り当てるしかありません。慣れていれば簡単に見つけられますが、どのような場所で冬眠しているかわからない人にとっては苦戦することもあるので、どうしてもすぐに必要というわけではなければ、春（3月下旬）まで待った方がよいかもしれません。

　冬以外は採集に適した時期といえますが、昼と夜とでは探し方が異なります。
　基本的にダンゴムシは夜行性で昼は物陰で寝ています。昼に探す場合は、潜んでいそうな落ち葉をかき分けたり、プランターや石などをどかしてその下にいる個体を探します。活動期のダンゴムシは表層に近く広い範囲に見られますので、冬眠中のそれとは違い、きっと簡単に見つけられるでしょう。人の多い所でごそごそと落ち葉を掘っていると、興味をもった人からの質問攻めに合うのであらかじめ受け答えの準備を心の中でしておくとよいでしょう。

　夜は食事や繁殖活動のために表層で活動をしますので、何かをどかしたり掘ったりする必要はありません。懐中電灯を使って、いそうな場所を見るだけです。ただし、いい大人が地面を凝視しながらずりずり歩いていると職務質問の対象になりやすい（男女比あり）ので、それなりの覚悟も必要です。

　ちなみに梅雨時期だけは本来の夜行性という性質が弱まり日中でも表層で活動していることも多く、昼夜問わずもっとも探しやすい時期です。

身近な場所でダンゴ探し

オカダンゴやハナダカダンゴは人の生活圏を中心に分布を広げてきたので、身近な場所の方が見つけやすい。また都市部でも緑が豊かな公園では在来のコシビロダンゴ類が見つかることもあるので普段から意識してるいと思わぬ「ちょっといいこと」があるかもしれない。

原っぱや広い道路沿いなどは風が駆け抜け乾燥しやすいので、豊漁は期待できない。ちょっとでもどんよりしたような感じの所を意識するとより発見のチャンスは多くなる。プランターや鉄板などの下によく潜んでいる。

梅雨時期は日中でも堂々と活動していることがあるので、見つけやすい。

石垣の隙間などもダンゴムシにとっては人気の隠れ家なので、周辺を探すと見つけやすい。

夜間は街路樹など樹幹に登っている個体も多い。樹液をなめたり、樹皮のコケを食べたりさまざまな営みが見られる。

土や落ち葉が堆積しているような所は地表近くの湿度も高く、活動していることが多い。なにが基準なのかダンゴムシにしかわからないが、まったくいない場所がある一方で、おびただしい数の個体が集まっている所もある。

小さな花びらに集まるワラジムシ。隣に同じものが落ちてるのに、ひとつを皆で食べることがあるのはいつも不思議。

公園内の朽ちかけた木道。
よく見ると在来のトウヨウワラジムシが…。

沖縄でダンゴ探し

沖縄など南西諸島の島々は生息するダンゴムシ・ワラジムシの種類数が多く、島ごとの固有在来種も多いので探しがいがある。また研究者があまり行かないような島からはまだまだ未知の種もたくさん出てくるので、そういった種と巡り会える楽しみもある。

イリオモテタテジマコシビロダンゴムシ

タマワラジムシの一種

ヤエヤマモリワラジムシ

オカダンゴムシばかり見ていると意外に感じるかもしれないが、南西諸島で昼にダンゴムシを探すのはなかなか難しい。本州産でもそうだが、外来種以外のダンゴ・ワラジの仲間は人目につきづらい所でひっそりと生息しているものなので、昼間はとにかく熊手などを使ってひたすら"掘る"しかない。

フチゾリネッタイコシビロダンゴムシ

フチゾリネッタイコシビロダンゴムシ

国内では南西諸島特産のネッタイコシビロダンゴムシの仲間。昼間はこういった樹木の皮の下に潜んでいるので、皮がはがせそうな樹を根気よく見回るとたまに出てくる。

南西諸島では、夜間の方が断然見つけやすい。条件がよいと1本の樹から複数種のダンゴムシ、ワラジムシが見つけられる。
立ち枯れした樹木もダンゴムシが生息していることが多いので見かけたら意識的にチェックしたい。

夜

フチゾリネッタイコシビロダンゴムシ

イリオモテタチジマコシビロダンゴムシ

西表島の樹上性ワラジムシ

ヤエヤマモリワラジムシ

オレンジ色の強い個体も見つかった

倒木の中に溜まった糞

まるまることのできるヒメマルゴキブリも

ヨナグニタテジマコシビロダンゴムシ

オカダンゴのように"どこでも"というわけにはいかないが、注意していると道路など意外な所を歩きまわっていることがあるので、雨上がりの夜などは特に意識したい。

浜でダンゴ探し

ダンゴムシなどのワラジムシ亜目は現在では完全な陸生生物ではあるが、起原は海洋生物なだけあって、海浜では種類数も多い。
また、浜で見かける種のほとんどは海浜特産なので採集していてとても新鮮。

砂浜でダンゴ探しをする場合は、天然の浜であることが条件。
また、あまりにも掃除が行き届いた浜よりは、適度に漂着物がある浜の方が見つけやすいし個体数も多い。

リュウキュウタマワラジムシ

ハマダンゴムシ

漂着物が堆積した場所はハマダンゴにとって格好の隠れ家で、さらには餌場でもある。南西諸島の海岸であればリュウキュウタマワラジも多い。また本書では紹介していないがウミベワラジやハマワラジも同所的に見つかることがある。

フナムシ

ウミセミ

ヘラムシ

タイドプールの中の海藻にはコツブムシ（ウミセミ）の仲間やヘラムシの仲間がよくついている。またその周辺ではフナムシ類も多い。

海岸林の落ち葉が堆積した所からは、ニホンタマワラジをはじめ、場所によってはコシビロダンゴムシの一種が生息していることも少なくない。
また本州では一般的な無印フナムシならこの辺りでも普通に見つかる。

岩石海岸や砂利海岸にある石の下からはコツブムシ類が見つけやすい。
また潮間帯からヒゲナガワラジムシの仲間が見られる。

Column No.4
大きいは長寿

実物大
大きさ
くらべ

　ワラジムシやダンゴムシの仲間の大きさは、多くの書籍で書かれているよりも、実はかなり大きくなります。本書の図鑑の項で記している各種の大きさも、ほかの書籍より若干大きめに記している傾向があるものの、本来その種が最終的に達するサイズには"足りていない"と思います。

　というのも、ダンゴ・ワラジの仲間は死ぬまで脱皮を繰り返し成長するという特性があり、多くの人が考えているよりも長寿な可能性があります。例のひとつとして、私自身オビワラジを6年飼育していたことがありますが、この数値はおそらく皆さんが想像しているより大きなものだと思います。しかし、野生では、外敵からの攻撃、補食、ストレス、もしかしたら病気もあるかもしれません。飼育下では軽減されているまたは皆無なリスクを抱え、何年も生き延びることはけっして楽ではないはずです。後で述べるように、野生個体の大きさから逆算すると平均で3年くらいしか生きられていないようです。

オカダンゴムシの年齢と大きさ

| 1ヶ月 | 半年 | 1年 | 3年 | 3年以上 |

　オカダンゴムシの年齢と大きさについて、古い調査例ですが、生後3年目の秋の個体の平均体重が18mgというものがありました。これを基本に18mg前後の個体を3才の個体という想定で全長の測定をしてみたところ、3才の個体の平均サイズが16mmくらいとなりました。野外で見られるオカダンゴムシの特に大きめの個体がだいたいこれくらいのサイズです。ごく稀に18mmほどになる特大個体を野外で見かけることもありますが、このような個体は3年以上生きている個体と考えてよいのだと思います。

　そして、彼らの寿命についてですが、ダンゴムシでは飼育下で6年というものがあるそうです。このほか、ワラジムシでも5年以上生きた例があります。私自身は、オカダンゴムシで5年、オビワラジムシで6年飼育したことがあります。そしてそれぞれのサイズはというと、6年生きたダンゴムシは大きさの記録がありませんが、5年のワラジムシで18mm、6年のオビワラジは22mm、5年のオカダンゴが19mmとなっています。また、オカダンゴムシを冬眠をさせずに通年25度以上で2年以上飼育した場合は20mmに達する個体もいました。ある調査によるとオカダンゴムシの餌の摂取量と成長速度は25度前後が特に良好だそうで、このような温度条件を維持しながら2年飼育するということは、野生状態の5～6年に相当しているのかもしれません。

　以上のことからも、生存年数とサイズには密接な関わりがあるものと私は考えています。そして、ダンゴ・ワラジムシの仲間の多くは、天寿が5～6年はあると予想していますが、死ぬまで成長することができるのに野生では3年以上生きている個体には滅多に出会えないとなると、最大限まで成長した野生のダンゴムシに出会うのは至難といえるのではないでしょうか。
　※食べた食物の種類によって成長速度も変化するようなので、サイズや体重だけで年齢を確定することは難しいかもしれませんが、少なくともおおまかな目安にはなります。

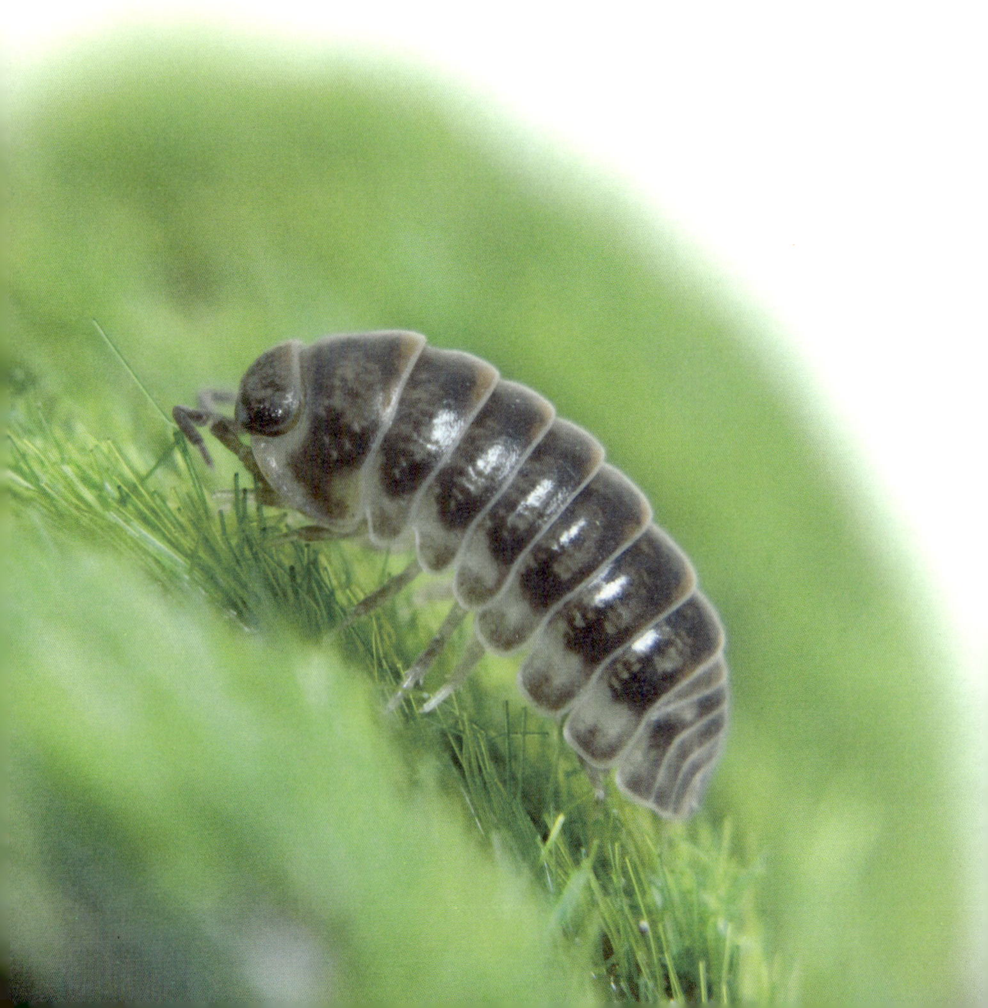

ダンゴムシが好き！

ダンゴムシグッズ

　子どもに（大人にも）絶大な人気のあるダンゴムシ、のはずだがグッズが妙に少ないのは気のせいか？　いやいやこれからどんどん増えていくのでしょう。
上記は2013年のことば。嬉しいことに魅力的なダンゴムシグッズが増殖しています！

立体作品
アトリエ☆イボヤギ

立体作品
kamaty moon

マグネット
作者不明

立体作品
Fragile World

借りぐらしのアリエッティ
床下の生きものセット
スタジオジブリ

羊毛フェルト作品
市山美季

ブローチ
奥住陽介

シルバーアクセサリー
作者不明

スタンプ
キバサトコ

ぬいぐるみ
IKEA

可動フィギュア
はにわや工房

まるまるBAG
あまのじゃくとへそまがり

ソフビトイボックス
株式会社 海洋堂

コルクコースター
いずもり・よう

虫札
シーラケース

てぬぐい
みのじ

ダンゴムシガシャポン

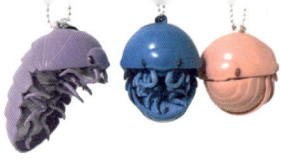

　2年の開発期間を経て2018年にバンダイさんから発売された「だんごむし」は体の構造を忠実に再現、発売前から話題沸騰で1年も経たぬうちに累計100万個も売れているとか。開発担当の方がこの本でダンゴムシを学んで下さったそうで、光栄で仕方がありません。

©BANDAI

アルビノオカダンゴムシからゼブラダンゴムシまで
新種が発表される度、作りもどんどん精巧になっていく

第3弾では
フチゾリネッタイコシビロダンゴムシが登場

予約販売のメタリック仕様のだんごむし

丸まった姿で登場！

ダンゴムシモチーフのキャラクター

トランスフォーマー
パワーハッグ
タカラトミー

Bug's life Tuck and Roll
トーキングフィギュア
Disney

ZOIDS グスタフ
プラスチックキット
タカラトミー

グソクムシグッズ

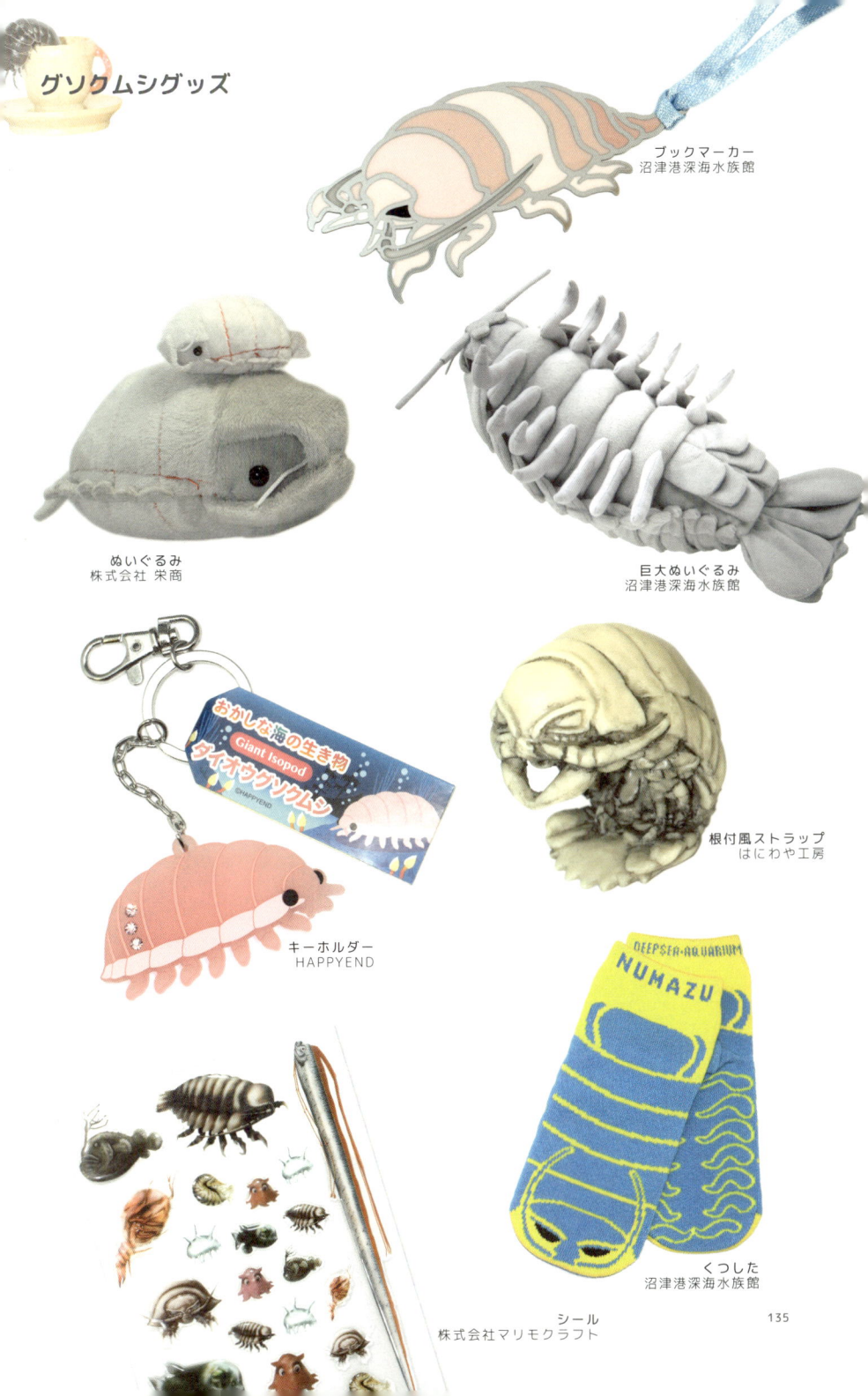

ブックマーカー
沼津港深海水族館

ぬいぐるみ
株式会社 栄商

巨大ぬいぐるみ
沼津港深海水族館

根付風ストラップ
はにわや工房

キーホルダー
HAPPYEND

くつした
沼津港深海水族館

シール
株式会社マリモクラフト

ダンゴムシ本

著者：今森 光彦
発行：アリス館

著者：皆越 ようせい
発行：ポプラ社

監修：布村 昇
発行：集英社

著者：大木 邦彦　写真：海野 和男
監修：高家 博成
発行：ポプラ社

監修：須田 孫七
発行：ひさかたチャイルド

監修：今泉 忠明
発行：金の星社

著者：小杉 みのり　写真：皆越 ようせい
発行：岩崎書店

著者：武田 晋一
発行：世界文化社

著者：麻生 かづこ　写真：新開 孝
発行：旺文社

著者：久保 秀一　監修：須田 研司
発行：学研教育出版

監修：佐々木 洋
発行：講談社

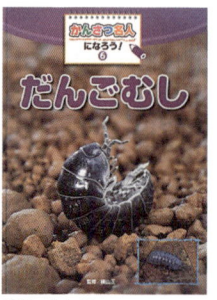

監修：横山 正
発行：ポプラ社

ダンゴグッズとは裏腹に書籍の数が多いこと多いこと…。
ダンゴムシの揺るぎない人気がうかがえるが、これだけの本が出版されているのに、すべてが
子ども向けなのがちょっと不思議。
あ、だから本書を作ることにしたんだっけ…。

著者：松岡 達英
発行：小学館

著者：松岡 達英
発行：小学館

著者：松岡 達英
発行：小学館

著者：おのりえん　絵：沢野ひとし
発行：福音館書店

著者：高家 博成　絵：仲川 道子
発行：童心社

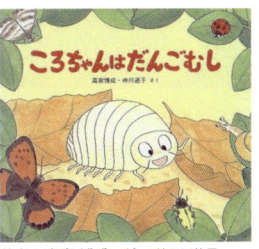

著者：高家 博成　絵：仲川 道子
発行：童心社

著者：みなみ じゅんこ
発行：ひさかたチャイルド

著者：かとう けいこ
絵：はまだ ようこ
発行：文研出版

監修：得田 之久　絵：たかはし きよし
発行：福音館書店

著者：わたなべ めぐみ
絵：クレーン謙
発行：草土文化

著者：阿部 夏丸　絵：山口 達也
発行：佼成出版社

監修：布村 昇　絵：寺越慶司
発行：フレーベル館

137

ダンゴムシに会える施設

iZoo

住　所	静岡県賀茂郡河津町浜 406-2
電　話	0558-34-0003
定休日	年中無休
営業時間	9:00 ～ 17:00（最終入園 16:30）
入園料	大人（中学生以上）1500 円
	小人（小学生）800 円
	幼児（6 歳未満）無料
H　P	http://izoo.co.jp/

日本最大のは虫類・両生類の動物園。
体感型動物園をコンセプトとしているだけあって、いろいろな動物とふれあうことができる。常設でダンゴムシとふれあえる動物園は今のところここだけ。しかもオカダンゴだけではなく、ハナダカダンゴまでさわれちゃう。さらにはタマヤスデやリクガメ、日によってはアルマジロも触らせてもらえるとのこと。

伊丹市昆虫館

住　所	兵庫県伊丹市昆陽池 3-1 昆陽池公園内
電　話	072-785-3582
定休日	火曜日（火曜が祝日の場合は翌日休）
営業時間	9:30 ～ 16:30（最終入館 16:00）
入館料	大人 400 円
	中・高校生 200 円
	3 歳～小学生 100 円
	0 ～ 2 歳児は無料
H　P	http://www.itakon.com/

昆虫をはじめとする生きものとふれあい、親しみながら自然環境について学ぶことができる、生きた昆虫の博物館。
館内のチョウ温室は圧巻で約 14 種 1000 匹のチョウがほぼ 1 年中見られるという。このほか身近にくらす昆虫を中心にさまざまな生き物たちがいて、ダンゴムシもそのレパートリーに入っている（常設ではないので注意）。水と緑が豊かな昆陽池公園内にある施設なので、昆虫館への道中ちょっと意識すれば、野生のダンゴムシとも出会えることでしょう。

ダイオウグソクムシに会える施設

沼津港深海水族館
シーラカンス・ミュージアム

住　所	静岡県沼津市千本港町83
電　話	055-954-0606
定休日	年中無休（点検期間休）
営業時間	10:00 ～ 18:00（最終入館 17:30） 7月中旬、8月は～ 19:00（最終入館 18:30）
入館料	大人（高校生以上）1600円 小・中学生 800円 幼児（4歳以上）400円 ※65歳以上の方 1500円
H P	http://www.numazu-deepsea.com

5年間何も食べなくても生きている不思議な深海のダンゴムシ。背骨のないシーラカンスや、哺乳類なのに卵を産む珍獣ハリモグラなど、不思議な生物がいっぱいの水族館です。（沼津港深海水族館より）

東京都葛西臨海水族園

住　所	東京都江戸川区臨海町 6-2-3
電　話	03-3869-5152
定休日	水曜日（祝日、都民の日の場合は翌日休）、年末年始
営業時間	9:30 ～ 17:00（最終入園 16:00）
入園料	一般 700円 中学生 250円 小学生以下無料 65歳以上 350円
H P	http://www.tokyo-zoo.net/zoo/kasai/

鳥羽水族館

住　所	三重県鳥羽市鳥羽 3-3-6
電　話	0599-25-2555
定休日	年中無休
営業時間	3/21～10/31　9:00 ～ 17:00（最終入館 16:00） ※7/20～8/31 8:30 ～ 17:30（最終入館 16:30） 11/1～3/20　9:00 ～ 16:30（最終入館 15:30）
入館料	大人 2400円 小中学生 1200円 幼児（3歳以上）600円 シニア（60歳以上）2000円
H P	http://www.aquarium.co.jp/

新江ノ島水族館

住　所	神奈川県藤沢市片瀬海岸 2-19-1
電　話	0466-29-9960
定休日	年中無休（点検等により臨時休館あり）
営業時間	9:00 ～ 17:00（最終入館 16:00）
入館料	大人 2000円 高校生 1500円 小中学生 1000円 幼児（3歳以上）600円
H P	http://www.enosui.com

名古屋港水族館

住　所	愛知県名古屋市港区港町 1-3
電　話	052-654-7080
定休日	月曜日（祝日の場合は翌日休）
営業時間	9:30 ～ 17:30（最終入館 16:30） ※時期により異なる
入館料	大人（高校生以上）2000円 小・中学生 1000円 幼児（4歳以上）500円
H P	http://www.nagoyaaqua.jp/aqua/

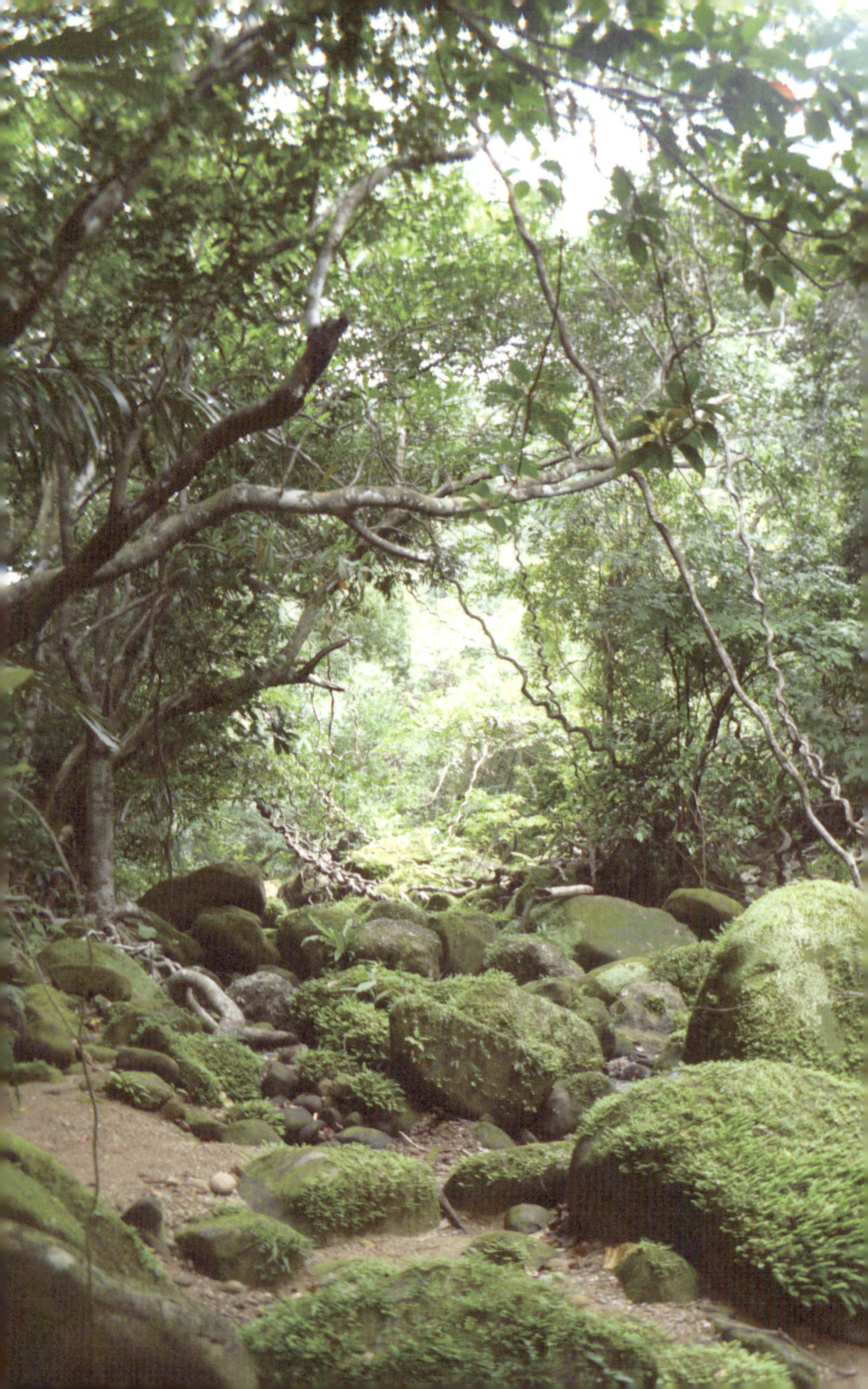

あとがき

　ダンゴムシはおそらくほとんどすべての日本人に知られている生き物です。そして比較的多くの人に人気があり、さほど嫌われていもいないどちらかといえばよい印象をもたれている生き物だと思います。にも関わらず、不思議とオカダンゴムシ以外の種については一般的にはほとんど知られていません。

　そもそもダンゴムシというジャンルの研究者はとても少ないようで、現段階ではわからないことだらけです。分類についても途上段階でいまいち釈然としていません。
　しかし、これはとてもラッキーなことかもしれません。これから研究が進むごとに、次々と新たな発見があり未知の種もたくさん見つかると思いますが、ダンゴムシに取り憑かれてしまっている人も、これからダンゴムシに踏み込む人も、そんなすばらしい発見に立ち会うチャンスがたくさんあるのです。

　こんな背景もダンゴムシが魅力的な理由のひとつだと思います。かくいう私もダンゴムシのこんなミステリアスな部分に一番の魅力を感じているのかもしれません。

　そんなダンゴムシたちとの付き合いが"楽しそう"と感じている人、本書がきっかけでダンゴライフをはじめる人、すでにダンゴムシにどっぷりの人でも、本書を片手に捕まえたダンゴムシと睨めっこしてくれれば執筆者冥利につきます。さらにはみなさまのダンゴライフがよりすばらしいものへとなるお役に立てればこれ幸いです。

奥山風太郎

奥山 風太郎
（おくやま ふうたろう）

1977年東京都出身、10代前半より生き物にまつわる仕事に従事。
世界各地で野生生物の姿を調査し、雑誌等で紹介してきた。
ダンゴムシ飼育は10年ほど前より。変わった色柄のダンゴムシを探すのが好き。
著書は『日本のカエル＋サンショウウオ類』（山と溪谷社）
共著に、『鳴く虫「音声」図鑑』（DU BOOKS）など。

みのじ

子どもの頃、大好きだったダンゴムシ。久しぶりに飼うきっかけとなったのは石垣島で出会ったフチゾリネッタイコシビロダンゴムシでした。そのエキゾチックな魅力にやられてから、旅をするとダンゴムシを求めて掘ったりはがしたり、気づけば色々な種類が集まっていました。それらを本で紹介できるとは嬉しい限りです。皆さんにもお気に入りのダンゴムシが見つかりますように！
1976年千葉県出身、2000年よりフリーのイラストレーターとして活動。
カメからムシまで大好きな生き物たちモチーフの雑貨を作っています。
著書は『カメが好き！かめ亀KAME図鑑』（スペースシャワーネットワーク）。
メインサイト　http://www.minoji.net/
みのむし商店　http://www.minoji.net/mushi/

写真提供
アクアホリック・ジャパン、伊丹市昆虫館、島田拓、湘南海水魚、豊田美奈子、
Paul pbertner

撮影協力
体感型動物園 iZoo、沼津港深海水族館

協力
アニマルパーク、井手さおり、小田中要一、川添宣広、斉藤隆、佐藤秀則、柴田黎紀、
島田拓、島野智之、白輪剛史、曽野部晃嘉、豊田美奈子、土畑重人、鳴く虫処 AkiMushi、
爬虫類倶楽部、古田悟郎、誉田恒之、丸山宗利、水谷継、渡辺将行

参考文献
『日本産土壌動物 分類のための図解検索』 青木淳一（東海大学出版会）
『第8回企画展図録「ダンゴムシ展」』ぐんま昆虫の森

貴重な時間を使ってダンゴムシを探してくださった方々、すばらしいお写真を提供してくださった方々のおかげでこの本が出来上がりました。心より感謝しています。

ダンゴムシの本
まるまる一冊だんごむしガイド〜探し方、飼い方、生態まで

初版発行　2013年8月8日
10刷発行　2025年4月19日

著者　　　　　奥山風太郎＋みのじ
ブックデザイン
イラスト　　　みのじ
編集　　　　　稲葉将樹（DU BOOKS）
発行者　　　　広畑雅彦
発行元　　　　DU BOOKS
発売元　　　　株式会社ディスクユニオン
　　　　　　　東京都千代田区九段南 3-9-14
　　　　　　　編集　tel 03-3511-9970 ／ fax 03-3511-9938
　　　　　　　営業　tel 03-3511-2722 ／ fax 03-3511-9941
　　　　　　　http://diskunion.net/dubooks/

印刷・製本　　大日本印刷

ISBN978-4-925064-84-2
printed in japan
©2013 Futaro Okuyama + Minoji / disk union
万一、乱丁落丁の場合はお取り替えいたします。
定価はカバーに記してあります。
禁無断転載